混合式教学模式下
数字电子技术课程教学实践

钟福如　著

东北大学出版社
·沈　阳·

图书在版编目（CIP）数据

混合式教学模式下数字电子技术课程教学实践 / 钟福如著. -- 沈阳：东北大学出版社，2024. 11.

ISBN 978-7-5517-3591-9

Ⅰ. TN79

中国国家版本馆CIP数据核字第20257KR477号

内容简介

课程思政作为一种课程观或者一种教育教学理念，是高校育人工作的重要环节，在解决“培养什么人、怎样培养人、为谁培养人”这个根本问题上发挥着重要作用。本书通过对混合式教学模式下数字电子技术课程开展教学改革，围绕课程思政这一教学目标，从教学实践出发，结合现有理论，归纳课程思政教学的相关理念和策略，阐述课程思政教学实践的基本流程，针对数字电子技术课程的特点，提出了有关课程思政的综合实施及深化推进的方案。

本书的编写以期为长期致力于培养社会主义建设者和接班人的教育工作者提供优质高等教育，为培养新时代高素质电子信息人才的高校教师提供一些启发。希望有更多的高校教师积极投入课程思政建设与实践中，深入开展研究，共同把课程思政教学建设好、落实好。

出 版 者：东北大学出版社

地址：沈阳市和平区文化路三号巷11号

邮编：110819

电话：024-83683655（总编室）

024-83687331（营销部）

网址：http://press.neu.edu.cn

印 刷 者：辽宁一诺广告印务有限公司

发 行 者：东北大学出版社

幅面尺寸：185 mm × 260 mm

印　　张：7

字　　数：158千字

出版时间：2024年11月第1版

印刷时间：2024年11月第1次印刷

策划编辑：曹　明

责任编辑：周凯丽

责任校对：曹　明

封面设计：潘正一

责任出版：初　茗

ISBN 978-7-5517-3591-9　　定价：45.00元

前言

目前，大部分教师对课程思政的基本概念和实施步骤均有部分了解并进行了较为广泛的研究，笔者认为课程思政实施效果的考核评估是目前对广大教师进行课程思政研究最有参考意义的领域之一。文献中许多课程思政的实施效果仅仅依靠简单的描述，考核评价的结果对持续改进的参考价值还可以进一步提升，因而持续改进课程思政教学设计和教学方法是保障课程思政教学效果与时俱进的重要举措。

本书的一个重要灵感来源就是笔者正在进行的贵州省教育厅教改项目“新工科背景下数字电子技术课程线上线下混合式教学改革与实践”和遵义师范学院教改项目数字电子技术课程思政示范课。这两个教学改革研究项目都有一个重要的研究内容，就是探讨课程思政育人的教学方法与策略。在项目研究的过程中，笔者发现，很多教师对课程思政的内容设计、思政组元素的选取乃至对学生教学过程的监督方法有着较为深入的研究，但是在效果评价上却关注较少。OBE理念，即成果导向理念，是由Spady等提出的以学生为本，以能力、目标或需求为导向的教育理念，现已成为英、美、加等国家教育改革中的主流理念，在中国也得到广泛认同。在本项目研究中，笔者借鉴了管理学中应用广泛的CIPP评价模型，应用OBE理念并选取一个年级样本作为案例进行效果评价。在笔者看来，课程思政效果评价才是评价课程思政实施成果达标与否的终极评价。近三年来，课程思政实施成果大多以期刊论文的形式呈现，缺少详细的实施步骤和案例效果分析，而这正是本书研究的主题和意义所在。

持续改进课程思政教学效果的一个特殊挑战就是：许多专业教师认为，课程思政是人文方面的内容，难以进行量化研究，并且限于时间，不能够更为深入地进行相关方面的探索，从而对课程思政的实施感到迷茫。本书系统地叙述了课程思政的实施过程，内容详尽，配有具体的实施案例。读者通过本书的案例，可以针对所在学科或课程，设计优化自己所授课程的课程思政实施计划。

本书最重要的部分就是课程思政实施策略及效果评价。第四章详细论述了混合式教学模式下数字电子技术课程思政的效果评价，这无疑是本书最重要的一章。目前许多教师对课程思政的考核指标及调查问卷等的设计还比较粗糙，笔者相信，通过阅读本书一定会对效果评价的实施有更为深入的理解，从而提高课程思政的教学效果。希望本书能帮助相关教师在实施课程思政教学的过程中提高课程思政实施方案水平。

本书是笔者近年来的研究成果，包含了教学期间对课程思政的一些感悟，也包含了数字电子技术课程团队的努力及部分学生的参与。同时，本书也参考了大量的研究文献。在此，一并表示感谢。

由于笔者的研究水平有限，以及时间紧迫，书中难免存在疏漏和不足之处，恳请同行专家、学者和广大读者批评指正。

钟福如

2023年12月于遵义师范学院

目　录

第一章　课程思政教学概述

第一节　课程思政教学的意义

为了进一步落实立德树人的教育任务，贯彻全国教育大会精神，在人才培养体系中应加入课程思政教育，更好地推进高校课程思政的发展。中共中央办公厅、国务院办公厅印发的《关于深化新时代学校思想政治理论课改革创新的若干意见》中要求，提高高校人才培养质量，充分把育人作用在每门课程中体现出来。教育部2020年5月印发了《高等学校课程思政建设指导纲要》，“课程思政”的概念逐渐兴起并受到广泛关注。

课程思政，顾名思义，就是在课程教学中融入思政教育。究其原因，是传统的思想政治教育需要有益的补充。传统的思想政治教育主要由思想政治教师完成，辅导员作为辅助加入其中。这一方式没有调动所有教师的积极性，难以让教师的个人价值得以充分体现，没有进一步实现全员、全程、全方位育人这一思想政治教育目标。传统的思想政治教学方式还容易造成一种错觉，就是让很多教师及社会人士认为思政教育是思政教师的职责，从而难以形成合力，教学效果大打折扣。随着高校在人才培养的过程中越来越注重学生的全面发展，提升学生的思政素养成为人才培养的重要目标之一。若实践与理论统一协同作用，则不仅能实现思政目标，也可以弘扬社会主义核心价值观，促进学生德智体美劳全面发展。因此，很有必要在践行课程思政教育的过程中实现理论与实践的有机统一。

首先，课程思政最重要的意义在于培养学生的家国情怀，培养社会主义的建设者和接班人。传承红色基因，培育时代新人，是党和革命先烈赋予我们这一代人的光荣使命。“敬教劝学，建国之大本；兴贤育才，为政之先务。”教育在国家发展过程中具有重要的指向作用，大力弘扬教育精神是实现中华民族伟大复兴的中国梦的必要条件，有利于促进中华优秀传统文化创造性转化和创新性发展，有效激发中华民族创造活力。青年兴则国家兴，青年强则国家强。作为新时代的青年，学生应该在困难面前永不低头，敢于挑战。同时，高校应该坚持以科学的理论武装青年学生的思想，以正确的舆论引导青年学生的价值观；给青少年营造一个美好的成长环境，推进思想政治教育走近学生，让青年学生在潜移默化中接受正确的引导；悉心栽培青少年，让他们在社会中实现人生价值。思想政治课对大学生的思想发展具有重要的影响力，能够帮助大学生树立正确的人生观、价值观。在课程思政的教育中，把所有的希望寄托于思想政治教育是不够的，还需要其他的课程辅助，这样才能更好地推进思政教育。由此可知，高校对学生全方位、全程的培养，不仅仅是局限于思想政治教育，更要结合课程的特殊性进行“思政教育”，其中，学生的职业素养、工程伦理道德都是综合素质的重要体现。例如，学生工程伦理道德的培养，结合专业案例更容易让学生接受。课程思政的价值教育作用，其根本意义不是发明出一种教育的“新形态”或“新模式”，而是探讨课程的育人本质及如何回归。

其次，课程思政教学可以提升教师的综合素质。课程思政教学的实施，从导向上要求教师要提升自己的育人意识和责任心，提升对教书育人事业的情怀，让教师意识到自身是培养学生的关键主体。随着信息时代的到来，很多学习理念和要求正在发生深刻的变化，终身学习的理念慢慢深入人心。大学教育也更加关注人的成长。以人为本，提高学生的综合素质成为当前教育的重要内容。教师要促进学生德智体美劳全面发展，塑造学生的优良品格、提高学生的品位，立足社会实践，高度弘扬社会主义核心价值观，高举社会主义旗帜，提高学生政治素养，培养学生成为担当民族复兴大任的时代新人，这些都成为专业教育的新内容。同时，教师还要借助学校或教学团队建立的全方位、多层次教师培训与发展体系，不断提升自己的综合素养。学校也可以制定相关政策，让思政教育走向社会，高度弘扬社会主义核心价值观。让爱国、敬业、诚信、友善成为个人品质，让教师的综合素质得以提高，明确思政导向、立足社会实践，树立正确的实践观，厚植爱国情怀。

再次，课程是学校为实现培养目标而选择的教育内容及其进程的总和，也是实现国家育人目标的重要载体。建设课程思政，就需要充分利用好这一重要载体，从顶层设计上系统地开展课程思政建设。不少高校已经开始将课程思政体现在人才培养方案和教学大纲中，制订相关的教学计划，引导学生树立正确的价值观，充分发挥文化的作用，发挥学校主体的作用，全面提高教育质量，以社会主义核心价值观为导向，引导学生做好人生规划。学校通过润物无声的形式将正确的价值观传递给学生，使课堂教学过程成为引导学生学习知识、锤炼心志、涵养品行的过程，实现育人效果最大化。学校应建设实事求是的思政课堂，坚持创新发展，转变传统教育方式，将理论知识与专业实践有机结合，将社会主义核心价值观融入专业课程，加强对学生的引导，全面提高学生的思政水平，进一步增强对学生人文素养、道德品质等方面的培养，促使课程思政与人的发展有效联动。因而，课程思政的建设也是“金课”建设的需要。

有研究认为，课程思政有多重境界。第一重境界是理论与专业的融合。融合有多种情况，一种情况是培育和践行社会主义核心价值观，推动中华优秀传统文化创造性转化和创新性发展，理论与实践相结合；另外一种情况是相关教师有效教导学生的教育水平，教师要挑选优质思政课内容融入专业课程。这是课程思政的文本取向，可用如下公式加以归纳：课程思政=教师+（专业内容+思政元素）+学生。在这一阶段，一些学校正着力推进思政内容与专业内容的互促互融，但教师和学生却仍游离于课程之外。

第二重境界是教师与课程的融合。教师需要加强自身道德素质建设，认真做好学生人生路上的指路人。为人师表应以德立身，要有“蜡炬成灰泪始干”的精神品质。大学教师需要提高思政课堂质量，促进中国教育体系现代化和体系化。育人先育己，为师先为人，如工科任课教师首先要具备“执着专注、精益求精、一丝不苟、追求卓越”的工匠精神，并把这种精神和家国情怀融入课程；医科任课教师首先要弘扬“生命至上、举国同心、舍生忘死、尊重科学、命运与共”的伟大抗疫精神，并将之带进课堂；等等。这些都可以看作课程思政的实践取向，用如下公式加以归纳：课程思政=（教师+专业内容+思政内容）+学生，即任课教师把自身融入课程建设之中，将自身优良的师德、师风、师魂融入课程教学之中，进而潜移默化地影响学生。

第三重境界是“师生相长”与课程的融合。《礼记·学记》指出：“是故学然后知不足，教然后知困。知不足，然后能自反也；知困，然后能自强也。故曰：教学相长也。”在课程建设中，首先是教师和学生各自把所思所悟展示出来，增强教师的教育水平，提高学生的自主创新能力，让学生与教师共同成长、共同发展，给思政课堂注入更多新鲜的血液，丰富思政资源，使思政课堂拥有自己的文化历程。教育的最终目的是育人，因此，“师生相长”“教学相长”是以学生为本的体现。

在如何持续提升课程思政“境界”上，需要从以下三个方面发力。一是需要打造更加有创新活力的成长平台，注入更加鲜活的生命力，不能拘泥于文本的选材，更要注重思政课堂的实践理论传导，坚持以人为本，加强课程思政建设，为思政课堂的开展提供丰富的素材。二是加强对教师的道德培训、理论培训、文明培训，提高教师的专业素养，增强教师的思政教育对学生的吸引力，丰富教师的自身经验，让思政课堂更加富有活力，让学生能有更多的机会发表内心的想法，促进教师教育水平的提高。三是让课程更富有特色，让学生更敬佩教师，使教师成为学生的榜样。营造良好的思政教学氛围，增强榜样的力量，让全社会更加关注课程思政，推出典型的经验和正确做法，促进师生共享思政良好氛围，实现显性思政与隐性思政的同向同行。

最后，从有利于学校发展角度考虑问题。教育的根本任务是立德树人，高校是落实这一任务的载体。进行课程思政教学，对学校打造特色鲜明的育人定位与功能、办学方向及人才培养任务有着重要意义。“一花独放不是春，百花齐放春满园。”教育部印发的《高等学校课程思政建设指导纲要》中要求，促进课程思政建设在高校的内涵式发展，充分发挥学校在课程思政建设中的主观能动性。北京科技大学以“钢铁强国、科教兴邦”为使命，赢得了“钢铁摇篮”的社会美誉。在课程思政建设中，北京科技大学打造面向全校学生的“大国钢铁”系列公开课，课程思政内容由中国工程院毛新平院士及多位专家共同讲授，深刻体现了学校的办学理念和校园特色，充分发挥主观能动性，利用好社会的公共资源，与学校的办学定位和学科特色相得益彰。在具体的实施过程中，可以充分发挥学校的自主创新能力，各高校作为人才培育的主阵地，应该更好地让思政课堂走入社会、贴近学生生活，加强思政课堂建设，丰富思政内容，促进思政水平的现代化。通过顶层设计进行一系列课程思政建设，不但可以提升学校声誉，还可以促进学校内涵式发展。

作为一项系统工程，课程思政教学需要绵绵用力、久久为功。培育和践行社会主义核心价值观，帮助学生树立正确的“三观”，提升学生的工作能力，锤炼学生的本领，厚植爱国情怀，引导学生形成正确的价值取向，培育担当民族复兴大任的时代新人。

第二节　几个相关概念

一、课程思政

近年来，课程思政已经成为一个研究热点，至少在学术界是如此。从它的概念提出来看，最早可以追溯至2004年出台的《关于进一步加强和改进大学生思想政治教育的意见》。但是，较多研究者认同2014年上海市出台的《上海高校课程思政教育教学体系建设专项计划》。尽管课程思政的概念提出已久，但是，根据笔者问卷调查及访谈结果可知，很多教师及大学生对课程思政和思政课程这些概念还是不太清楚。这可能源于人们一直对思政课程的漠视，这也同样说明教育者对课程思政的概念和内涵进行深入剖析的必要性，也说明教师实施课程思政教学的急迫性。

无论是课程思政，还是思政课程，都是由“课程”和“思政”两部分构建组成的偏正结构，而不是并列结构，因此，存在着修饰与被修饰的关系。就课程思政而言，重点是思政。什么是课程呢？“课程”一词，在中国始见于唐宋年间。唐代，经学家孔颖达在《五经正义》里有一句注疏：“教护课程，必君子监之，乃得依法制也。”宋代，朱熹在《朱子全书·论学》中多次提道“宽着期限，紧着课程”“小立课程，大作功夫”等。可见，在中国古代，课程是由功课和进程共同组成的。英语中的“课程”主要源自一篇名为《什么知识最有价值》的文章，curriculum的含义为“教学内容的系统组织”。因此，将“学习的进程”（course of study）归结于所谓课程，“学习的进程”简称为学程。进入现代，“课程”一词已经为广大群众所熟知。比如，人们会询问，“××老师，你教什么课程？”学生之间也会讨论，这学期的课程表是什么？这时候，课程一般指的是学校教学开设的科目。但课程的定义还是存在很多争论。上海师范大学教育学编写组编写的《教育学》教材认为，“学生学习的全部学科称为课程”。课程的具体内涵包括多个方面，课内学习和课外学习都是教学论中重要的内容体系，各高校的教师都对课程的本质进行了有效的分析，优化了教育环境，提高了指导水平，丰富了教学经验，提高了指导学生的能力，促进了学生的全面发展及学生教育质量的提高，让学生的社会能力得以发展，让学生能够更加灵活地运用自身的技能，做出有效的规划、制定科学的计划。具体问题具体分析，为满足教育的需求，各高校的教师深刻总结自己的教学经验，优化学校教育环境，完成课程教育的计划。从上面的一些定义、观点可以看出，课程是一种计划，目的是帮助学生学习、发展，内容可以根据培养目标制定。在高校，学生一般以专业划分，学生获得专业发展的同时，也需要其他方面的知识和技能。但是，术业有专攻，因此，每个教师只能教授某一部分内容。于是，学校就将培养计划划分成多门课程，课程本质就是一种教学活动。

笼统地说，课程的类型一般可以分为三种，包括学科课程、综合课程和活动。学科课程以学科为中心，需要从相关科学领域获取相关知识，要以教育体系的分配为课程进行教学。相关的理论包括美国教育心理学家布鲁纳（Bruner J. S.）的结构主义课程论、德国教育学家瓦根舍因（Wagenschein M.）的范例方式课程论、苏联教育家赞科夫（Bahkob J. B.）的发展主义课程论。综合课程是一种主张整合若干相关联的学科而成为一门更广泛的共同领域的课程。综合课程的作用有以下几个方面：一是认识方面的作用，综合课程是将多种学科整合为一门更广泛的学科的课程；二是，综合课程有利于整体的角度和联系的角度将不同领域的知识整合起来，有利于学生的学习和个人能力的提高；三是，综合课程有利于打破学科之间的界限，有步骤地增加学习单元和组织教材，重视教师在学习中的协助作用。

思政的概念更多的是从学校的角度来思考。“思政”通俗地讲主要就是思想政治教育，是社会不同阶层的人做出的不同价值要求，通过有计划的、科学的规划和理论指导对受过教育的人产生系统性影响，将某些思想、道德规范和政治观点转变为遵循社会主义核心价值观的要求与标准。思想政治教育普遍而客观地存在于所有国家发展和历史进程中。时代在进步，社会在发展，思想政治教育的范围不断扩大，网络思想政治教育、心理健康教育和法学教育的内容也有所增加，逐步呈现社会化的特征。

因此，通过上面对课程和思政的辨析，可以发现，当课程和思政结合在一起的时候，课程思政的重点在于思政，是一种德育教育活动，媒介是课程（特别是专业课程）。国家高度认可课程思政的育人作用，我们要善用之，一定要跟现实结合起来。要坚持为党育人，为国育才，把立德树人融入思想教育、道德教育、文化教育和实践教育各环节，提高教育的针对性、时效性，坚持思想教育进教材、进课堂、进头脑，努力形成全员、全过程、全方位育人格局，培育担当民族复兴大任的时代新人。广义的课程思政还包括显性的思想政治教育，在这里主要指的是狭义的课程思政，就是在思想政治课程以外的课程开展思政教育。

在笔者看来，课程思政的实施是一种必然。首先是国家的教育需要。教育的目的是为党和国家发展培养人才，培养创新型人才，培养担当民族复兴大任的时代新人。这是教育最重要的问题。其次是教育的隐性使然。在国外，著名教育家苏霍姆林斯基曾经讲，要加强对儿童的教育指导，从儿童开始培育，促进儿童思维的拓展，创新教育方针，落实落细教育方法。国际著名诗人、儿童教育专家、儿童教育机构创办者多萝西·劳·诺特创作的儿童教育诗《孩子从生活中学到什么》写道：

如果孩子生活在批评中，他们将学会指责。

如果孩子生活在敌意中，他们将学会争斗。

如果孩子生活在恐惧中，他们将学会担忧。

如果孩子生活在遗憾中，他们将学会自怜。

如果孩子生活在嘲笑中，他们将学会畏缩。

如果孩子生活在猜忌中，他们将学会嫉妒。

如果孩子生活在羞辱中，他们将学会自责。

如果孩子生活在鼓励中，他们将学会自信。

如果孩子生活在宽容中，他们将学会耐心。

如果孩子生活在赞美中，他们将学会感激。

如果孩子生活在认同中，他们将学会去爱。

如果孩子生活在肯定中，他们将学会自爱。

如果孩子生活在认可中，他们将拥有目标。

如果孩子生活在分享中，他们将学会慷慨。

如果孩子生活在诚实中，他们将学会正直。

如果孩子生活在公平中，他们将学会正义。

如果孩子生活在友爱和体贴中，他们将学会尊重。

如果孩子生活在安全中，他们将学会信赖自己和他人。

如果孩子生活在友善中，他们将知道世界是居住的乐土。

这首诗完美地解释了儿童的生活环境对其的成长带来的影响，这些影响是潜移默化的。

在国内，也有例子表明隐性教育的作用早就被认可。居住环境会给个人发展带来巨大的影响。在我们熟知的故事中，最典型的就是“孟母三迁”的故事。故事情节大概如下：昔孟子少时，父早丧，母仉氏守节。居住之所近于墓，孟子学为丧葬，躄踊痛哭之事。母曰：“此非所以居子也。”乃去，遂迁居市旁，孟子又嬉为贾人炫卖之事，母曰：“此又非所以居子也。”舍市，近于屠，学为买卖屠杀之事。母又曰：“是亦非所以居子也。”继而迁于学宫之旁。每月朔（shuò，农历每月初一日）望，官员入文庙，行礼跪拜，揖让进退，孟子见了，一一习记。孟母曰：“此真可以居子也。”遂居于此。此案例说明，在很多时候，隐性教育可能更容易取得意想不到的效果。

那么，课程思政该怎么做？很多专家学者强调，课程思政需要追求如盐在水、如春在花，浑然天成的境界。笔者认为，隐性教育是课程思政的一大特色，是提高课程思政教学效果的一大举措。现在的大学生普遍存在逆反心理，你让他做什么，他越不想做什么。因此，隐性教育是提高教学效果的内在需求。同时，也要注意到，思政是目的，课程是关键，需要充分把握好课堂教学这一舞台。在以往的课程中，虽然很多教师也会有意无意灌输一些思政方面的内容，但是，缺乏系统性和科学性，或者说，没有从课程体系的高度来开展。随着课程思政教学的不断深入，我们需要认识到新型的课程观是课程思政的一种重要表达方式，教师要提高专业素养，坚持以社会主义核心价值观作为学生专业素养提升的价值引力，加强思政教育与理论知识相互融合，充分吸收专业课程中的重要因素。更为重要的是做到课程思政与专业教育的相互促进，充分发挥教育的作用，让课程思政在育人方面更加富有活力。充分发挥实践的作用，扩大教育的空间和时间，转变教学模式，做到实事求是提升学生的专业素养，从而达到课程思政的育人目标，使思政教育能够更深刻地影响学生。课程思政教学需要从系统的高度去把握一门课程，深入地挖掘课程中蕴含的思政元素，如盐在水、春风化雨般地影响学生，达到教育目的。

二、教学效果评价

教学效果评价是教学活动的重要环节。范晓玲在《教学评价论》中认为，评价是一种专业判断或是一种允许人们对事物进行价值判断的过程，它存在于任何有目的的活动中。在这里，教学效果评价和教学评价（或者说是课程教学评价）是相同的含义。一些师范院校甚至会专门开设教学评价相关课程，教学评价是师范生成为教师的必备能力之一。中华人民共和国教育部在设立教育部高等教育教学评估中心的时候就明确指出，教学评估是保障教学质量的重要举措。最早的教学效果评价是学习能力的评价。从科举制度开创以来，检验学习效果的方法就是考试。由于科举是选拔性考试，考生来自各地，考官也无法对其进行全面的考察，只能考察考生的文采学识。进入现代，我国的高考依然存在同样的问题。但是，在大学，培养的是具有社会主义核心价值观的高层次人才，学生出去工作的时候并没有固定的选拔标准，更多的是要求学生具备较强的综合能力。因此，我们需要转变观念，从考试文化转向评价文化。在这里，教学效果评价主要指的是课程思政教学评价。

如今，“学生中心、产出导向、持续改进”的教学理念已经深入人心。教学效果评价在教学中的地位也越来越高，评价的目的是持续改进。课程思政的教学效果如何，教学方式如何改进，教学目标如何改进等都依赖教学效果的评价。那么，课程思政教学效果评价需要遵循哪些原则呢？首先，要考虑课程思政教学的目标、政策导向。课程思政教学效果评价必须遵循国家的大政方针政策、具有民族认同感等。其次，需要剖析课程思政教学的主要特点、特征。在这里，课程思政的特点、特征不仅指课程思政本身，还要包括实施的环境和专业特点。电子信息科学与技术专业自然有其本身的特殊性，特别是在高年级，学生的专业特质渐渐体现，课程思政教学的反馈差异也就变得更大。所以，在制定教学效果评价的时候，更需要考虑学生、教师等方面的因素。最后，需要考虑多方面的现实需求。在这里，最主要的就是要考虑学生的发展。课程思政教学评价不仅是思政教育教学评价，还需要考虑思政教育和专业教育的合力对学生培养的教学评价。课程思政还需要考虑教师的发展的教学评价。在前面的论述里，我们已经提到，如果用公式来表述课程思政，那么可以表述为，课程思政=（教师+专业内容+思政内容）+学生，即任课教师把自身融入课程建设之中，将自身优良的师德、师风、师魂融入课程教学之中。实施好课程思政，关键在教师。课程思政教学评价对教师也是非常有意义的。课程思政教学评价也需要考虑对学校发展的促进作用。课程思政作为教学的一部分，是学校工作的重要组成部分。对于一所学校来讲，课程思政建设要紧密结合办学特色。经过长时间的办学实践，高校都有了一定的经验，当然，每一所高校都有自身独特的教学方式及教学特色，体现着各自的精神风貌，保持别具一格的教学模式。高校的办学目标一直是以学生的成长和发展为核心的，因此，在高校教学中加入课程思政的教学更有利于发挥学校的办学理念，有利于促进学生的全面发展。反过来，课程思政教学也有利于打造学校品牌特色。这也与学校的专业设置有关。由于办学体制、办学时间、办学模式、办学层次的不同，学校之间也有分类分级，突出办学特色。因此，各高校在开展课程思政教学时，切忌盲目追随其他学校的教学方式，忘记了最初的教学理念，要突出“人无我有”“人有我优”的办学特色与比较优势。这些特色与优势能够与课程思政相互促进，因而在课程思政教学评价中，必须考虑其中的影响因素。

三、协同育人

协同育人，“协同”是修饰词。“协同”一词最早源于古希腊语，意为协调统一、共同进步。协同的概念是由德国科学家赫尔曼·哈肯（Hermann Haken）提出的。按照赫尔曼·哈肯（图1-1）的观点，协同就是系统内各个子系统间相互协作、相互作用，体现了系统的整体性功能。“协”字在《说文解字》中的注释是“众之同和，从劦从十”，“劦”为聚力，“十”有四面八方的意思。综合来看，协同，即通力合作，共创共赢。1971年，赫尔曼·哈肯首次完整地对协同理论进行阐述。他在思考激光的产生机制时，发现一个由大量子系统构成的系统。在一定条件下，由于子系统间的相互作用和协作，会在宏观上产生一种新的有序状态。由此，他创立了一门新的学科——协同学。

协同育人，国内外已经有大量的研究文献对其进行了表述，但是还没形成统一的界定。我们经常见到、听到的协同育人有家校协同育人、产学研协同育人、科教融合协同育人等。可见，协同育人是一种育人方式，它能充分调动某一体系中各方面元素的潜力和优势，让这些元素之间为了达到同一个育人目标相互协作、相互促进，最终实现“1+1＞2”的育人效果。对于课程思政协同育人而言，就是需要在协同育人的基础上发挥课程思政的特点和特色，调动课程思政涉及的各方因素，达到培养具有社会主义核心价值观的有用人才的目的。

课程思政协同育人的特点也很鲜明。和其他的协同育人教育方式类似，课程思政协同育人首先是具有整体性特点。正如前面所言，课程思政协同育人就是要“使各类课程与思想政治理论课同向同行，形成协同效应”。也就是说，进行课程思政教学，需要把它看成一个整体，注重整体功能，努力提高思想政治教育的有效性。在实际表现上，首先是培养目标的整体性。教育中最重要的是明确目标，目标定错，不但不能取得效果，更有可能误人子弟。可以看到，各大高校已经从最早的学习“上海经验”，开设示范课程进行试点，转变为从人才培养方案的制定上抓起，把课程思政写进人才培养方案，通过人才培养方案整体上设计课程思政建设目标。课程思政注重思政育人，但是，毕竟是依附于一门课程，课程的主要目标之一还是要教授学生专业课程知识。因此，在培养目标上，需要整体把握，做到知识与德育的平衡，重点考虑“德才兼备”的整体属性。在实施的过程中，更需要发挥协同效应。发挥教师的整体性，进行课程思政教学，不是某一个或几个任课教师的“私事”，而是要建立课程团队，使专业教师和思政教师友好互帮互助，建立“统一战线”，发挥团队精神，攻坚克难。在教学方式上，也需要从整体考虑，为课程目标制定方案，重要的是，教学活动的制定需要服从整体目标，不是为思政而思政，生搬硬套，最终让学生觉得是将两门课程硬捏在一起，无法取得想要的教学效果。其次是兼容性。从协同的概念可以发现，混沌的无序可以造就系统稳定有序。这就说明，虽然整体目标一致，但是各个子系统间的协作不是为了把大家变成一样，各个子系统间容许保持一些各自的特色，求同存异。具体到课程思政协同育人中，我们应该增强包容性，也就是需要考虑两个方面，既要对教师、学生包容，也要对课程包容。人与人之间由于学识、兴趣爱好和生活背景的不同，交流方式也会不同。比如在某一专业的课程思政教学中，各教师的教学模式、教学手段和教学风格不一样，同样的知识点，在课程设计、课程实施上也会存在差异。同样，学生在接受度、完成作业的时间和质量上也会存在差异，无法保持一致。另外，课程之间也会存在差异，知识结构、课程结构都有自己的特色。课程思政教学的实施，在不同课程间可能会存在重合部分，甚至存在一些互相排斥的内容。因此，课程思政教学需要“海纳百川”，寻找不同部分的契合点，相辅相成，实现课程的兼收并蓄。这种在差异中找到平衡促成的合作，才是真正符合实际需要的协同。

图1–1　赫尔曼·哈肯

四、混合式教学

混合式教学方式，主要指的是“在线学习与面授教学的混合”。正如其他概念一样，随着时代的发展，其定义可能不会改变，但是，内涵和关注的重点会发生改变。北京师范大学冯晓英老师就混合式教学概念的演变进行了梳理，认为混合式教学经历了3个阶段：技术应用阶段、技术整合阶段和“互联网+”阶段，见表1-1。

表1-1　混合式教学概念的演变

	技术应用阶段	技术整合阶段	“互联网+”阶段
物理维度	在线与面授的结合	明确在线比例	移动技术、在线、面授的结合
教学维度	技术的应用	教学策略与方法的混合	学习体验
关注重点	信息技术	交互	以学生为中心
关注角度	技术的视角	教师的视角	学生的视角

技术应用阶段主要从技术视角出发，看有没有结合信息技术或者在线技术进行教学。在这个阶段，大部分学者和实践者都将混合式教学看作是纯面授教学与纯在线教学之间的过渡阶段。当然，有部分学者和实践者认为，混合式教学的主要目的是利用二者之间各自的优势。何克抗教授在2003年12月的第七届全球华人计算机教育大会上，首次提倡混合式教学，推动了混合式教学的发展。混合式教学在国内引起广泛关注的一个重要原因是翻转课堂的引入。2007年，美国一位化学教师在教学中使用了视频教学，他通过软件，将视频录制成PPT，再加入讲解的声音，完成后将视频传到网络上。这样的教学模式为由于各种原因而无法正常上课的学生提供了便利。很快，他们又进行了新的尝试，慢慢地，学生开始选择在家看教学视频，以视频中老师讲解的知识点为课前做准备。在课堂上，老师会对一些特别的问题进行相关的辅导，帮助一些做实验感到困难的学生。随着互联网的快速发展及普及，翻转课堂这种教学方法慢慢地在美国流行起来，并引起一定的争论与分歧。信息技术的迅猛发展加上素质教育的现实需求，使翻转课堂教学模式在国内迅速流行起来。慢慢地，学者和实践者发现，翻转课堂本质上是一种混合式教学，是一种可以提高课堂教学效果的新型教学模式。也就是从这时候开始，混合式教学在教学特性维度的界定上有了重要发展。混合式教学被看作一种独立的教学模式。混合式教学的关注重点从技术转移到师生间的交互。2013年以后，混合式教学的概念也有了新发展。尤其是在物理特性的维度方面，关于移动技术的应用正式纳入了混合式教学的概念之中。混合式教学也更多地从学生发展的角度思考其内涵及实施方式。新冠感染疫情的暴发又推动了混合式教学的更加快速发展。现在，越来越多的国家和地区认识到混合式教学的重要性。2019年11月，我国教育部办公厅发布了《关于开展2019年线下、线上线下混合式、社会实践国家级一流本科课程认定工作的通知》，全方面地推进关于混合式教学课程的建设，并加以完善，而且混合式教学将成为高等教育教育教学新常态。

在中西部地区的许多教师，特别是一些中小学教师的心里，混合式教学还仅仅只是一种备选，可能也在形式上使用过混合式教学，但是并没有从心里重视这种教学模式。

许多高校教师也不太愿意开展混合式教学模式，一是心理准备不足，二是不想“折腾”。部分教师在实施课堂教学的时候，已经熟悉了之前的那一套，课堂教学就是课堂灌输、板书推理，不想花费更多的精力去适应新的教学模式。归根结底，并没有把学生放在中心地位，没有深入领会“以学生为本”的教育理念。

混合式教学的实施和传统课堂教学一样分为课前、课中和课后三个部分。但是，和传统课堂教学不一样的是，这是一种新的教学理念、教学模式。不同于传统课堂教学，不再是以教师为中心的教学，而是转为以学生为中心，以学生的发展为中心，以学生的学习为中心，以学生的学习效果为中心，着重培养学生的综合能力，即自主探索学习能力、创新实践能力、发现问题解决问题能力和团队协作能力等。有学者认为，知识更新周期缩短，传统的以知识灌输为主要教学手段的理念难以适应“互联网+”时代。

那么，如何开展混合式教学呢？任何一种教学理念、教学模式的实施必然因人而异，何况教学本就是一个社会学科，难以以同样的标准进行评价。但是，俗话说“教无定法，教学有法”，开展混合式教学还是有一定的原则可以遵循的。

开展混合式教学的基本原则可以从以下几个方面考虑。

第一，充分利用碎片化教学、微课教学。作为数字原生代的学生，早就已经习惯了微视频学习和网络学习，他们也非常习惯利用一些碎片时间学习知识。抖音、快手等网络平台已经普及，并逐步融入了生活的方方面面。例如，很多家庭主妇炒菜时，习惯打开抖音，学习新菜品。小学生在学习剪纸时，也打开微视频，模仿学习。这些微课、微视频短小精悍，用时不多，却可以完整地把一件事情讲清楚，取得传播的效果。同时，教师也需要加强学习，制作一些适合授课的视频，增强学生的学习效果。

第二，二次备课是必备步骤。一般来说，开展混合式教学都是线上线下混合式学习。借助各种各样的网络平台的在线学习，很大程度上帮助学生学习并熟悉部分基础知识，但是，这个学习过程中每个学生的学习能力是不一样的，掌握的基础知识是不一样的，这就导致了课前两次学习的掌握程度不一样。学生自学前基础不一致，自学后基础再变化。这也要求教师进行二次备课，备课前的学情了解可以通过课前自测或者私下了解、问题反馈等方式获得。在这里，备课的重点是针对共性问题，个性问题可以通过学生之间、师生间的沟通解决。这也突出了混合式教学的优势，实施个性化学习。

第三，激发学生的主观能动性。混合式教学的一部分内容是由学生自主完成的，其完成效果很大程度上由学生的主观积极性决定。并且，自主学习能力在现代社会本身是一种必备能力，也是教育需要培养学生的一种重要能力。为什么自主学习能力如此重要？中国常驻联合国教科文组织代表团发表的《谈构建全民终身学习体系的国际趋势》一文，阐述了终身学习的必要性。中国古代哲学家荀子说过“学不可以已”。中国古话也说“活到老，学到老”。自主学习能力可以培养，这是混合式教学的教学目标，也是开展混合式教学的有效教学手段。

教师如何去适应混合式教学呢？杨勇、冯晓英等学者的研究认为，要从混合式教学对教师的要求出发。上海交通大学慕课研究院苏永康老师建议教师在进行混合式教学创新时，要从教学范式改革着手，确立“混合式教学新常态”的教学理念，抓住未来教育全球化、本土化、个性化和混合化的发展趋势，探索信息技术下的分层次教学，利用VR+AI等信息技术积极探索智慧教学。因而，适应混合式教学，首先，要转变教学观念，混合式教学已经成为教育的“新常态”。其次，教师需要经常接触教育技术才能掌握诀窍。相当一部分教师还不能准确理解和把握混合式教学的主要特征和要求，教学目标设计和人才培养方案不吻合，与学生的沟通方式不够灵活，进行教学资源建设的时候能力欠缺，这些都影响混合式教学的成效。作为一个新生事物，不少老教师还没有做好心理准备去实施，对新生事物的质疑或恐惧是人之常情。但是，社会终究是向前发展的，我们需要适应时代的发展。因此，下定决心去学习是一个好的开始。当然，教育管理部门要给予一些帮助，比如举行各种各样的混合式教学培训。最后，让教师深度参与并成为专业发展计划的主导角色，是成功过渡到混合式教学的最重要的一步。混合式教学的最终目标是培养学生。让教师深度参与并成为专业发展计划（或称为人才培养方案）的主导角色，必定可以更加深入地理解人才培养的内涵和发展规划，在进行课程教学设计的时候也就可以保持两者间的一致，从而有效地开展混合式教学。

当然，混合式教学还存在部分争论，主要在是混合式教学的学习效率提升和教学效果评价标准上。教学效果一般短期内很难体现，那么，其评价标准的制定就会存在分歧，也必然由此导致教学反馈的困惑。记得有段时间，网上对“衡水模式”或者说衡水中学的教学模式存在争议。争论的焦点在于衡水中学的高升学率是否是牺牲学生的创造力和未来的发展前景得来的。网上对这种模式的优劣争论持续不断，但是教学的成效可能需要10到20年的时间去检验。可见，作为一个新生事物，混合式教学必然要经历一个完善的过程，混合式教学模式现在还远未到成熟的阶段。

第三节　课程思政教学的研究进展

一、课程思政育人的形成与发展

2014年，上海市委、市政府提出“课程思政”的概念。2014年底，上海市出台《上海高校课程思政教育教学体系建设专项计划》，全面推广“课程思政”建设。课程思政主要是指将全员、全程、全课程的育人理念结合在一起，再结合各门课程与思想政治教育理论课一起前进，形成一定的协同效应，从而实现立德树人的教育目标。实际上，早在2004年，中共中央、国务院就推出了关于加强和改进未成年人的思想教育，建立良好的思想道德建设以及高校大学生思想政治的教育指标的文件《关于进一步加强和改进大学生思想政治教育的意见》。上海也跟进开启了学校的思想政治教育和课程思政教育改革的探索。

在此背景下，上海大学推出“大国方略”通识选修课，采用珍珠项链教学模式，以主讲教师为线，以学校教学大咖为珍珠，组成豪华授课团队。课程一经推出，便受到广大学子的追捧。随后，上海大学又推出“创新中国”“创业人生”“时代音画”“经国济民”等系列通识选修课程，均采用多学科专家共同授课的方式，带给学生不同的学科视角体验，让思政教育“入耳入脑入心”，并跻身上海市课程思政整体试点校。随后，复旦大学、上海交通大学等也推出自己的特色课程，形成享誉全国的“上海经验”。

课程思政，说通俗一些，就是将知识传授与价值观教育同频共振，更大力度地提升学生的政治认同和文化自信，教育工作者要坚守为党、为国、为民族培养践行社会主义核心价值观的高素质人才。在价值观的养成上，我国自古以来就非常重视。春秋战国时期，尊崇礼制，根据相应的标准和需求在贵族阶层内部选拔优秀人才，标准是先德后才。汉朝孝道治国，汉文帝亲尝汤药；而后，汉武帝罢黜百家、独尊儒术，树立“三纲五常”。隋唐时期，开创科举，倡导多元文化，虽然儒家是中心，但是，也倡导佛教和道教并举。当时，选才标准非常注重德行。唐太宗李世民时期，确立了“四才三实”的选拔标准，《旧唐书·职官志二》记载：“三实，谓德行、才用、劳效，德均以才，才均以劳，劳必考其实而进退之。”宋元时期，民间书院兴起，强化伦理道德教育，程朱理学兴起。明清时期，倡导知行合一，崇尚经世致用。民国时期，提出“五育并举”的教育理念，强化道德训育，注重爱国教育，1929年公布的《教科图书审查规程》中强调“以三民主义为教科书的中心思想”。不同的时代，其教育教学方法和价值观要求均不一样。新中国成立后，国家一直重视爱国主义和马列主义的思想政治教育。1957年2月，毛泽东在《关于正确处理人民内部矛盾的问题》中提出：“我们的教育方针，应该使受教育者在德育、智育、体育几方面都得到发展，成为有社会主义觉悟的有文化的劳动者。”邓小平曾用“四有”来概括政治教育的内容，分别是有理想、有道德、有文化、有纪律。邓小平特别强调，其中的理想和纪律尤为重要，要想教育好我们的后代，必须要树立远大的理想信念，一定不能让青少年作资本主义腐朽思想的俘虏。我国教育部在2004年编写并下发了《“三个代表”重要思想教育理论学习纲要》，“三个代表”重要思想是在和平与发展的时代主题背景下确立的，关于思想政治教育的相关内容有：要进行爱国主义教育、要进行集体主义教育、要进行社会主义教育；还要进行中国近代史教育、进行中国现代史教育、进行中国国情教育；要对青少年进行大力地弘扬及培育以爱国主义为核心的民族精神的教育；要传承并开展艰苦奋斗的教育。党的十六大以后，提出了“育人为本、德育为先”的教育理念，注重青少年的德育教育，多次阐述关于思想政治教育的相关内容，作为新时代的青少年，要从小践行社会主义荣辱观，特别强调了要重点把握科学发展观的科学内涵及精神实质。党的十八大提出，积极培育和践行社会主义核心价值观。

（一）理念提出（2004年）

2004年，中共中央、国务院发出的《关于进一步加强和改进大学生思想政治教育的意见》指出，大学生是十分宝贵的人才资源，是民族的希望，是祖国的未来，加强和改进大学生思想政治教育是一项重大而迫切的战略任务，其中特别强调了关于加强和改进大学生思想政治教育的指导思想及相关的基本原则，并提出了主要任务。

（二）实践探讨（2005—2016年）

2005年，上海先后出台了关于上海市学生民族精神教育的指导纲领，为进一步推动中央文件精神及指导意见，上海市还发出了关于上海市中小学生生命教育指导纲领，通过对上海市学生的教育指导，促进学生德智体美劳的发展，整体构建了关于中小学德育的教育体系。还依据各门学科的特点和专业性，结合德育的相关要求，修改了学科德育的实施意见，为中小学的每一个阶段实施有关德育的课程奠定一定的理论基础和操作意识。在学科德育的探索经验基础上，上海的高校开始实践探索关于课程思政的试点。上海大学在2014年被作为课程思政的改革试点高校，在全国范围内开设了以“大国方略”为代表的系列综合课程。

（三）深化改革（2017—2019年）

为了加强课程思政的建设，发展一体化育人长效机制，更好地促进高校的思想政治理论教育，中共中央、国务院在2017年2月印发了《关于加强和改进新形势下高校思想政治工作的意见》，强调要强化思想理论教育和价值引领。为了贯彻全国高校思想政治工作及中共中央、国务院《关于加强和改进新形势下高校思想政治工作的意见》的精神，进一步提高高校思想政治理论教育工作的质量，教育部党组在2017年12月提出了相关的基本任务，要保障高校的课程、科研等方面工作的育人机制，培育更多的高校人才，收集更多的育人素材，更深层次地挖掘育人要素，进一步完善育人机制 ，加强优化评价效果的激励，进一步构建“十大”育人体系。

（四）规范实施（2020年以来）

2020年5月28日，教育部印发了《高等学校课程思政建设指导纲要》，指出了深化教育的教学改革，充分发挥好高校每一门课程的育人作用，全面提高高等教育人才培养质量。《高等学校课程思政建设指导纲要》对课程思政进行了相关的目标设定、内容、教学等方面的全面部署，可以结合专业特色及地方特色提出每门课的课程思政特点。

每一个社会、每一个国家的教育都通过灌输和倡导一定的政治思想来实现自己独有的培养目标，从而实现自己办教育的初衷。也许有的人会说，欧美国家没有政治课程，他们不搞思想政治教育。其实，欧美国家的思想政治教育进行得相对隐蔽，他们充分调动社会组织、学校、社区等力量，营造出教育的整体氛围。我国以往的思想政治教育几乎依赖于学校，注重说教的形式，这种单调的形式并没有取得理想效果。这也正好说明开展课程思政教学的重要性和可行性。课程思政如盐在水、春风化雨的培养效果正是我国人民坚定文化自信、爱国爱党，以及培育和践行社会主义核心价值观的重要辅助。

二、课程思政研究现状

（一）国内课程思政研究基本情况

为了更好地了解国内课程思政研究的基本情况，笔者借助中国知网自带的可视化分析工具进行相关分析。所有分析的文献数据均来自中国知网（CNKI）数据总库，检索主题为“课程思政”，检索时间为2012年1月1日—2022年1月26日，检索到文献共计28872篇。作为定性分析，我们并没有剔除评论类、报告类、综述类等文献，因为这并不影响对课程思政教学现状的分析结论。

1. 论文发表总体趋势

根据图1-2，检索的论文按年度进行排序，2012—2021年可以划分为两个阶段：2012—2016年和2017—2021年。2012—2016年发表论文数缓慢上升；2017—2021年，论文发表数急剧上升，论文数量成倍数增长。2021年发表论文数高达14528篇，原因可能在于，2016年12月全国高校思想政治工作会议上，习近平总书记指出，“要用好课堂教学这个主渠道，思想政治理论课要坚持在改进中加强”。自此，课程思政成为研究与实践的热点。由于论文发表的滞后性，2018年发表论文数才开始爆发。

图1-2　发表论文年度趋势

2. 主要主题分布

从图1-3可以看出，研究主要集中在教育教学改革方面，说明研究者目前还处于将课程思政教学实践经验发表出来的阶段。

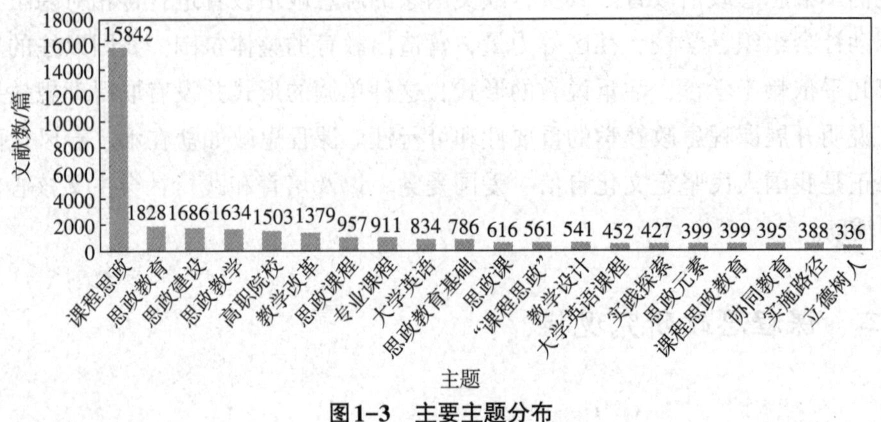

图1-3 主要主题分布

3. 学科分布

从图1-4可知，在学科分布方面，高等教育和职业教育占比近65%，这说明研究更多发生在高等院校之中。原因可能是高等院校的教师理论水平较高，有更多的时间进行研究并将成果发表出来。笔者通过走访了解发现，很多中学也在积极推进课程思政教学改革。但是，一方面，中小学更注重考试成绩；另一方面，中小学教师的成果凝练水平还需要进一步提高。这也正好说明，还需要加强对中小学教师的课程思政教学指导。

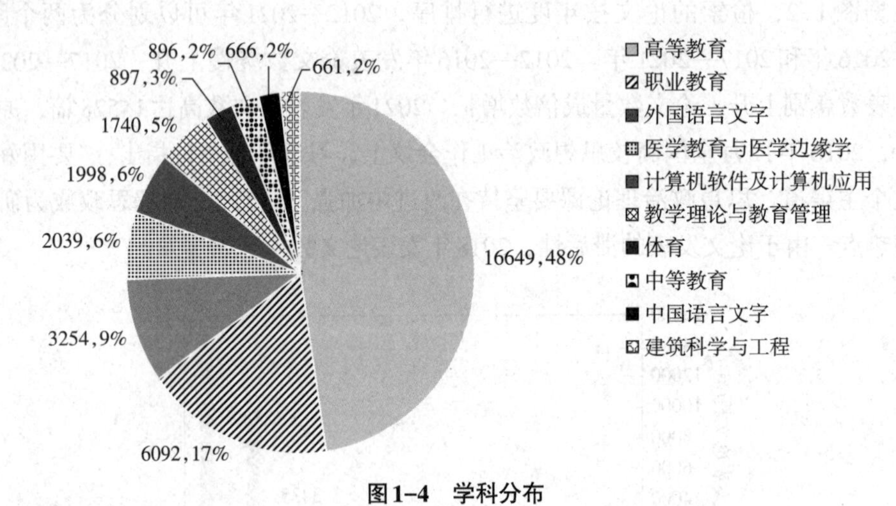

图1-4 学科分布

4. 发文量前10期刊

从图1-5可知，发文量较多的期刊有《现代职业教育》《教育教学论坛》《校园英语》等，这和主题关键词对应。

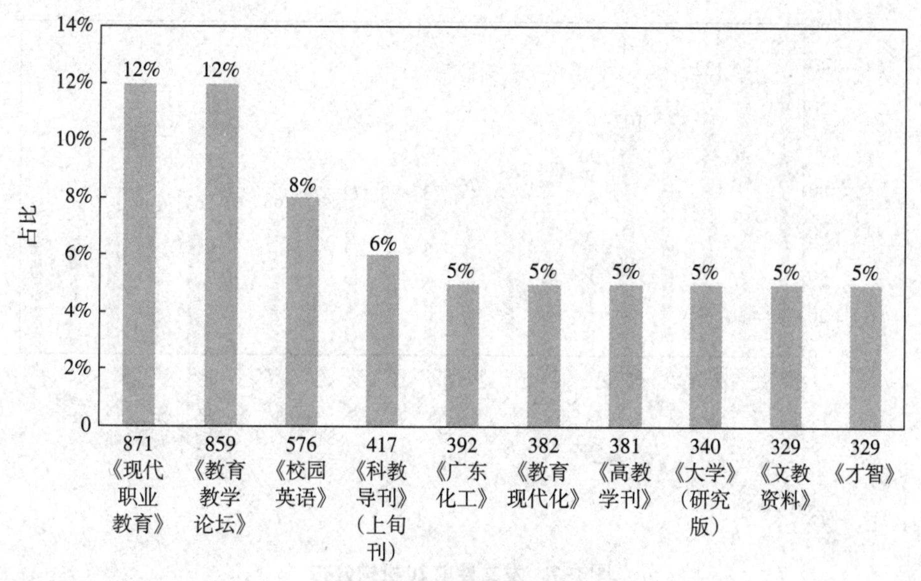

图1-5 发文量前10期刊

5. 发文量前20作者分布

从图1-6可知，课程思政研究还没有形成成熟的团队，课程思政的研究团队还不够强，影响力还有待进一步提高。

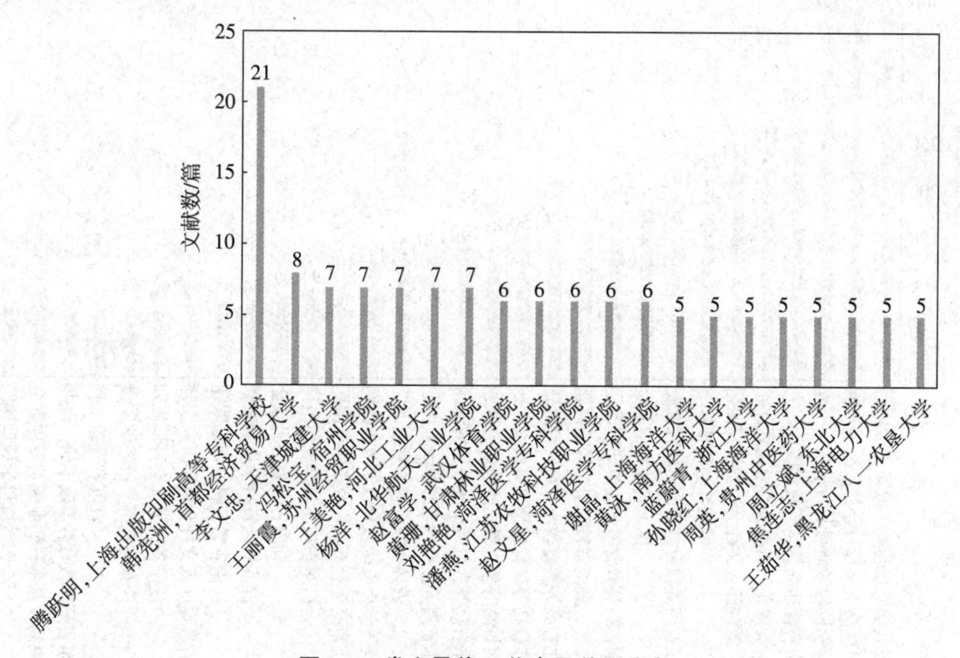

图1-6 发文量前20作者及单位分布

6. 发文量前20机构分布

从图1-7可知，部分职业技术学院对课程思政进行了大量研究，如咸阳职业技术学院，发文量高达142篇。从地域看，东北的高校和长三角的高校则占据绝对优势。

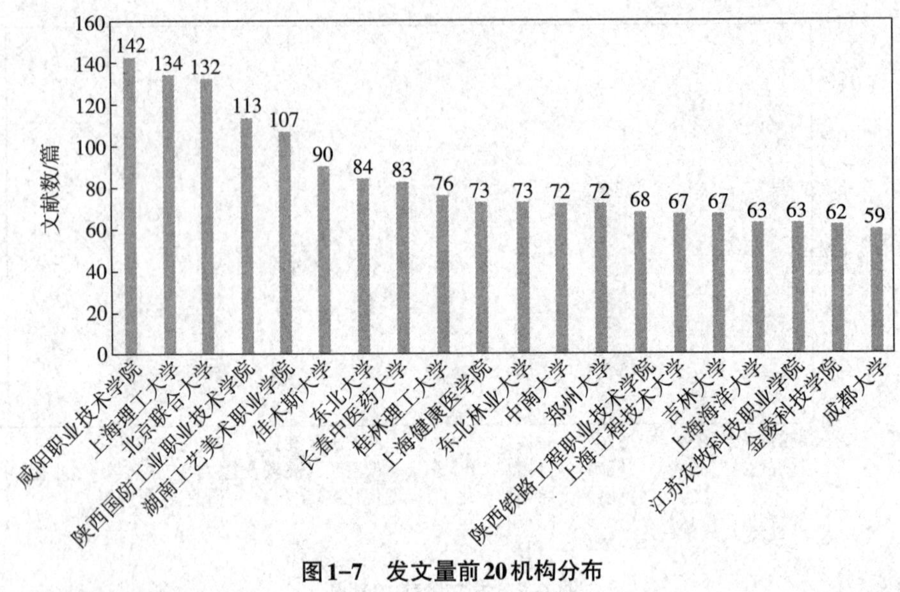

图1-7　发文量前20机构分布

7. 基金资助情况

从图1-8可知，江苏和广东投入论文资助基金较多，可能和这两个省的经济或教育投入有关。在后续，这两个省的课程思政研究成果应该会进一步突破。

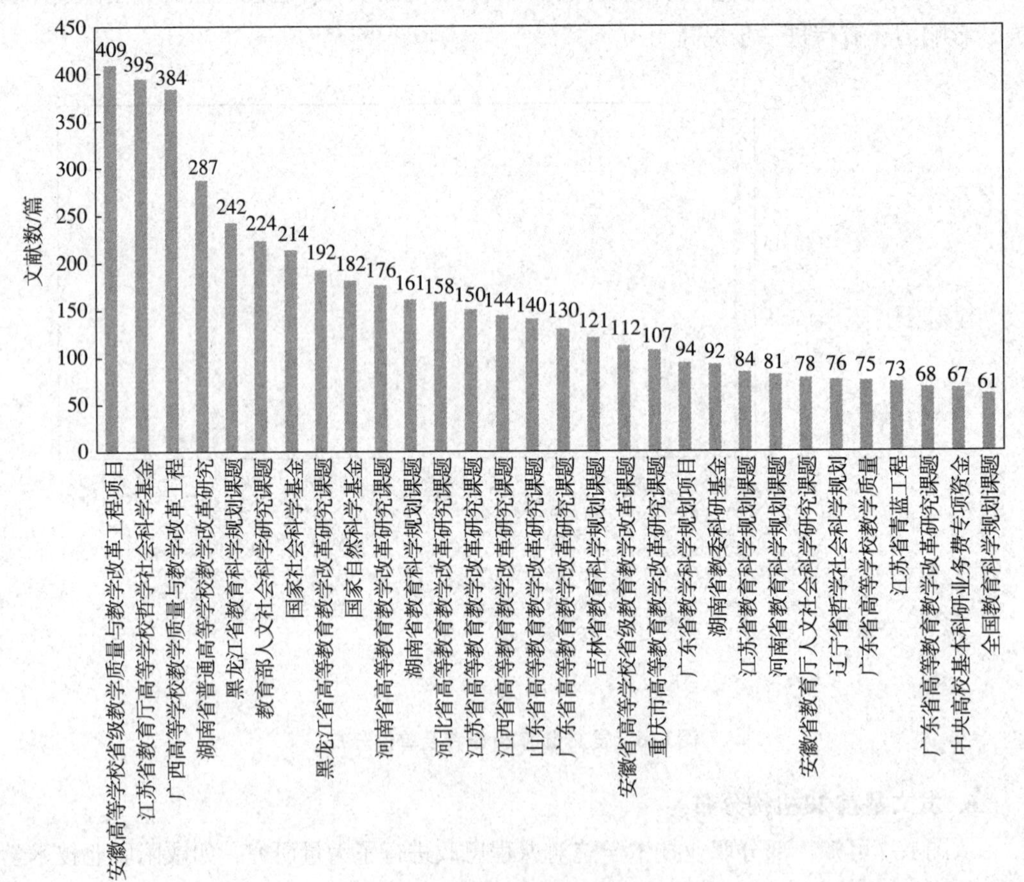

图1-8　论文基金资助情况

综合以上的分析来看，课程思政教学已经成为教育教学研究的热点。但是，综合来看，近15000篇的文献中，核心期刊论文数量只有1000篇左右，说明大部分教学研究还处于初步探索阶段。大部分研究有可能是应付完成学校任务或教改项目，在课程思政教学中也是形式大于内容，导致研究的内容不够深入、质量不高。但是，不管出于什么原因，出现如此大规模的研究者，必将会促进课程思政教学研究快速发展。未来，课程思政研究的质量会快速提升，进而促进课程思政教学的高质量发展。

（二）课程思政研究的领域

1. 课程思政理论研究

2014年，上海出台《上海高校课程思政教育教学体系建设专项计划》，课程思政概念被首次提出。围绕相关的课程思政理论教育，教育界展开了广泛的讨论，想要实现课程思政这一措施存在很多的困难。各科教师要做到课程思政与自己本专业的课程有机结合，加入教学的每一个环节。2017年12月，教育部正式发布了《高校思想政治工作质量提升工程实施纲要》，大力提倡课程思政。但是，当时大部分人对课程思政还很陌生。因此，很多研究者开始将主要精力放在课程思政的概念、内涵等理论研究上。杨金才、张敬源、王娜等学者对课程思政先后提出了“四问”：“课程思政是什么？”“课程思政为什么？”“课程思政怎么干？”“课程思政怎么看？”，以及“三问”：“本质之问——‘课程思政’究竟是何物？”“界域之问——哪些课程需要‘课程思政’？”“实践之问——各类课程与思想政治理论课如何协同共生？”这些研究都触及课程思政的内涵和本质。

课程思政的概念一直就有广义和狭义之分。广义的课程思政是就高等学校的全面思想政治体系而言的，又有思想政治课程的思政和其他课程的思政之分。习近平总书记在2019年3月召开的学校思想政治理论课教师座谈会上提出：“思政课是落实立德树人根本任务的关键课程。”大学的根本职责是“立德树人”，要“立德”，就不可避免地要涉及思政教育，就必须要在课程中加入一些专业知识外的内容，或是职业素养，或是工匠精神，或是精神信仰等。因而，狭义的课程思政一般指的是思想政治课程之外的课程。中国人民大学马克思主义学院刘建军教授对课程思政的内涵、特点与路径进行了深刻阐述，特别指出，要坚持深入挖掘与有机融入相结合。上海市教卫工作党委认为，课程思政是有效发挥课堂育人主渠道作用的必然选择。从上海学校思想政治教育（德育）课程改革历程和不足出发，提出课程思政实施过程中，综合素养课程改革要重在通识教育中根植一定的理想信念。华东理工大学张弛教授在已有理论基础上指出了课程思政在新时代还需要提升的内容。最重要的一点就是要扩大视野，要从全局角度做好顶层设计，在学科体系、教学体系、教材体系、管理体系上做好顶层设计，同时也指出，与大学每门学科知识激发的深度好奇相比，独特的教学方式与愉悦的教学氛围只能引起相对较低的兴趣，不能长久保持。因而，在课程思政教学上，不同学校、不同专业、不同学生群体及不同时间段，教学内容和教学方式应该有所区别。课程思政教学需要组成团队，各取所长，如果专业课程的教师并非擅长课堂教学，则可以将课程思政专注于专业知识的熏陶上。课程思政的研究与实施将从教学手段与形式的研究回归到课程思政内涵的深化上。课程思政建设的基础在课程，根本在思政，重点在课堂，关键在教师，成效在学生。还有一部分的学者提出了有关课程思政的相关意见，它不仅仅指的是一门或者几门高校课程，最主要的是培育学生一种政治理念和关于人生价值观的理解。作为一名教师，要将本专业的知识点与课程思政的教育目标结合起来，使专业课程教育与思政课程教育取得预期效果。课程思政注重的是一种教育责任和教育方法，它融合了我国历代教育的优良传统，也结合了高校德育教育及思想政治工作的指导方针。站在育人价值的角度，高校课程思政的价值聚焦点主要是教育的目的性、规律性、必然性的结合。还有部分学者认为，在教学过程中，专业课程思政是比较难以把握与掌控的，尤其是课程思政的设计、授课教师的思想政治理论知识的积累、课程思政评价效果等方面的问题。有部分学者专门将德育和思政、学科和课程等相关概念进行分析统计，认为基础教育主要以学科德育为主，而高等教育以课程思政为主。在高校的实际教学过程中，需要考虑学生的认知程度与兴趣爱好，针对学科德育和课程思政建立一套比较完整的体系并推进。

在课程思政的理论研究上，认识越来越深刻，越来越接近课程思政教育的本质。但是，如何将课程思政的立德树人教育功能运用到实践中，还需要不断地探索，在实践中不断修正、完善。

2. 国内外比较研究

课程思政的国内外比较研究是课程思政教学研究的重要方面，一方面是了解国外的思政教育状况，另一方面也是为了加深对课程思政的认识。在普通人的印象中，国外没有课程思政，更没有思想政治课程，思想自由，言论自由，但是一样培养了具备资本主义价值观的、维护资本主义国家利益的人才。事实果真如此吗？显然不是。但是，为什么会有这样的错觉呢？主要是国外，尤其是欧美国家的思政教育较为隐性。随着我国对外交流越来越频繁，许多国外没有暴露出来，或者说以前没有关注的现象逐渐呈现在大众面前。比如，国外的教会学校要开设宗教课程。

杨芝在《美国隐性教育途径对中国高校思想政治教育的启示》中讲到关于美国隐性教育的概念及隐性教育实施的原因，指出美国的思想政治教育只是换了个名字——公民教育。美国的隐性教育途径包括学校、公共环境和大众传媒等，我们熟知的美国大片就含有美国主流价值观的输出。对我们而言，课程思政教学更需要注重隐蔽性和借助新媒体等信息技术，这种隐蔽式的教学方式更能够起到春风化雨的成效。由于美国是经济和科技大国，受到的关注最多，研究的文献也最多。日本也非常注重思想政治教育。2015年3月，日本文部科学省正式宣布实行“道德学科化”。德育教育在教材编审、教师教育、操作方法和评价方式等方面都有对传统德育颠覆性的改革，其德育专业化的发展态势明显。德国也注重德育方面的教学改革。华东师范大学教育学部国际与比较教育研究所的彭韬在《德国学校德育中的道德反思能力培养研究——以柏林“道德课”为例》一文中指出，德国也有专门的思想政治课程，只是叫法不一致，有的称为“价值与规范”，有的称为“伦理学”等。但是，不管哪一种叫法，都包含政府对课程教学的引导。比如，这些课程要求学生针对每一个话题都要从个人、社会和思想史三个角度进行思考。

3. 实践策略研究

实践策略研究是课程思政教学研究的重要方面，就课程思政来说，进行理论探究，一般教师难以做到，这类研究大多是思想政治教师和教育学教师在做。但是，进行课程思政教学实践的门槛较低，因此，参与者众多，研究者纷纷将自己在课程思政实践中的心得体会整理成文献。从文献看，公共课（体育、大学英语和大学计算机等）在高等学校的人才培养中占有重要地位，而且就单一的课程而言，公共课具有受众面广、教师团队人数多的特点。体育课作为大学生的必修课之一，教育部印发的《高等学校体育工作基本标准》中要求，本科生需要开设不少于144学时（专科生不少于108学时）的体育必修课。进入新时代，在复杂的国际形势下，在中华民族迈向伟大复兴中国梦的征程中，“以体育人”已成为社会的迫切需求。华东师范大学董翠香等剖析了体育教育专业课程思政元素确定的理论依据，在该基础上构建了体育教育专业课程思政的元素与各类课程群思政元素的结构体系。随后，运用文献资料、专家访谈、逻辑分析、实地调研等方法，剖析了体育专业课程思政建设面临的课程教学中重专业素养培育、轻人格修养培育，重知识技能传授、轻价值观培育，重低阶认知培养、轻高阶认知培养的“三重三轻”问题，并以学校体育学课程为例，探讨其课程思政建设的实施路径。贺新家认为，体育学科的课程思政本质上是对价值体系的解构与重塑。各高校所有体育教师要严格要求自己，无论何时都要加强自身素质修养，清楚地定义体育价值观的生成路径和形成机制，发挥主观能动性，更好地开展体育课程思政教学。

大学英语作为高校另一门重要的必修课，长期以来占据着重要地位，在部分学生心中甚至比专业核心课程还重要，曾经很多学校还把英语成绩和学生毕业相挂钩。现在很多学校已经取消这一规定，但是作为一门重要的交流工具，其重要性还是不言而喻的。既然很多学生重视这门课程，那么，借助这门课程开展育人工作就非常有必要。华南农业大学外国语学院教授黄国文对外语（主要指英语）课程思政建设六要素（为什么、是什么、谁来做、何时做、何处做、怎样做）进行了深入剖析，如果想要达到良好的外语课程思政建设，一定程度上来说，需要有一支能够理解课程思政意义和重要性并有能力在实践中实施课程思政的外语教师队伍。电子科技大学外国语学院胡杰辉教授聚焦课程思政的微观教学设计。其研究结果认为，在理论上，英语课程思政的内涵需要从教育政策、课程理论和外语学科特点等三个方面进行考量。在实践方面，需要突出教学目标的精准性、内容组织的体系性、流程设计的渐进性和评价反馈的整合性四个策略。理论与实践互相促进，从而优化课程思政教学设计。

职业技术教育是教育体系中重要的组成部分，很多省市已经对初中毕业学生实施

“五五分流”，强化职业教育，职业教育得到空前的发展。在职业教育学生中开展课程思政教学既是国家战略需要，也是教学的现实需求。和高等教育一样，许多研究者认为，职业教育的课程思政教育也需要高度重视顶层设计，要从系统的角度进行课程思政教学设计。但是，职业技术教育有其特殊性，更加强调应用性和动手能力的培养。因此，有教师认为，要注重工匠精神的培养，结合行业特色和产教融合，在应用中培育思政精神。广东轻工职业技术学院的钟斌等基于胜任力理论及课程思政内涵，运用行为事件访谈法，随机抽样调查了广东省172位高职院校专业课教师的胜任力现状，发现高职院校专业课教师课程思政胜任力整体水平一般，在应对思政教学的挑战上还比较吃力。虽然现在课程思政已经为大众所接受，但是，课程思政的素养不是一朝一夕就可以提升的，特别对教师而言，不可能因为专业教师一时的能力差距就将其排除在教师队伍之外。因此，要多方联动，提升教学素养，建设团队，搭建平台，提升创新素养，以全面提高高职院校专业课教师课程思政胜任力。也有教师提出，可以从课堂教学、网络互动、社会实践和校园文化等视角建立四维协同的课程思政教学模式，提升课程思政教学效果。更为重要的是，要充分利用“互联网+”等信息手段，构建线上线下一体化课程思政教学环境。总之，职业技术教育的课程思政需要更加关注外在环境的有利因素，将生活经验、职业场景“思政化”，采用这种“从外向内”的聚合方式培育学生的精气神和价值观。

专业课程作为专业教育的主要平台，是培养学生专业素养的关键。在高校，专业教师占教师队伍的大多数，是高校学科建设、学生培养的主力军。课程思政，更多地强调专业教师开展课程思政教学，将专业知识和思政教学有机融合。例如，有的教师以农业生态学课程为例探讨专业课课程思政的教学模式与方法。认为需要建立“学生价值观、专业素养、行业产业发展、国家需求、全球视野”五个课程思政目标，通过“线上线下、课前—课中—课后”的反馈机制，建立合适的课程评价体系，从而达到专业课程知识与思政教育协同育人的目标。还有的教师在教授精细有机合成化学及工艺学时强调要把新工科理念贯穿课程，充分利用信息技术与教学的深度融合来实施课程思政教学。也有的教师认为，相较于文科专业，理工类课程实施课程思政的难度大一点。其实施的关键点在于理工科思政作用的生成机理和逻辑结构。很多的研究结果表明，专业课程的课程思政建设需要从整个专业的培养目标出发，结合当地的实际，多联系学生身边发生的故事，引起共鸣。在讲课技巧上，做到有机融合，利用专业课程实践性强、与专业切合度高的特点，充分调动学生的积极性，提高课程思政教学的实效。

4. 教学评价研究

教学评价研究是近年来课程思政教学研究的热点。以题名“课程思政”和“评价”进行检索，可以发现，从2018年的3篇，快速上升到2019年的14篇、2020年的32篇、2021年的84篇、2022年的164篇和2023年的224篇。大部分教师及相关研究者已经意识到课程思政教学的主要组成部分还包括教学评价，目前思政教育教学评价还不够完善，这正是实施课程思政的难点，同时它也给课程思政实施的效果带来了保障。许多研究者认为CIPP评价模型是一种合适的教学评价模型，课程思政不仅要关注结果，更需要关注过程和环境影响。这种模型采用“背景评价、输入评价、过程评价和结果评价”四维结构，采用层次分析法和李克特量表进行定量分析，具有较好的使用价值。有的研究以新媒体应用课程为例，探讨了高职课程的课程思政评价体系。首先将POCR角色划分为规划角色、操作角色、审核角色、复盘角色四类角色。采用行为事件访谈法和李克特量表进行课程思政定量分析，强调关于课程思政的评价，以学生为主，以学生思想政治素养发展评价为圆心，慢慢地加入课程思政课堂的教学评价，其中包括课程思政评价、专业课程思政评价。在评价体系上，应立足系统性并分别从学生、教学和课程视角着眼；在评价标准上，应凸显课程的建设性、教学的形成性、学生的发展性；在评价模式上，要建立“文本评价+教学观察+客户评价”的教学评价模式，以及建立基于协同理念的课程评价模式、目标模式与过程模式合一的学生思想政治素养评价模式。在课程思政评价体系中，“主心骨”建设指学习型、反思型、研究型教师队伍的建设。评价结果的运用要遵循一定的教学思路，打造一个完美的课程思政“主阵地”。

三、课程思政研究的困境

现在，无论是教育管理者还是教学参与者，或多或少都开展了课程思政建设研究，课程思政的研究成果也井喷式涌现。课程思政研究成果的质量越来越高，研究的深度越来越深，研究的范围越来越广，整体来说，呈现出非常可喜的局面。但是，具体到个体，或者学校而言，大部分地方院校，特别是财政预算较为紧张的院校，还是存在很多问题和不足。

（1）没有很好的值得推广的课程思政教学模式。“上海经验”虽然取得了很好的示范效应，但是那毕竟是上海的高校，财力物力，甚至学生群体的构成都和其他地区高校不一样，要是复制到其他地区，很多学校无法达到实施条件。比如，上海大学“项链式”教学模式推出的“大国方略”系列课程，其他地区很多高校的教师教学任务繁重，很少有时间去开设选修课程，更不能组成授课团队了。

同时，我们也发现，在专业课程的课程思政教学研究方面，思政元素的研究较为单一，缺乏可操作性。对现有的专业课课程思政研究的文献分析可以发现，将思想政治教育元素加入到专业课程中主要集中于以下几个方面：通过学习重大的历史事件让学生体会到社会责任感和爱国主义精神，通过科学探究激发学生热爱科学的精神，通过历史优秀人物事迹学习奉献精神。这些以往前辈留给我们的国家精神与素养，都与我们的思政元素息息相关，这些课程实施比较困难，容易使思政教育流于形式。更为重要的是，这些专业课的课程思政实施单打独斗的多，学校统筹规划的少。这种规划不是说学校没有计划、没有方案，恰恰相反，很多高校都出台了深化课程思政改革的实施措施，比如，遵义师范学院在2020年就出台了《课程思政建设工作方案》，大力推进课程思政教学改革。但是整体来说，大多数高校还处于以点带面，打造课程思政示范课程的阶段。单一的课程思政示范课程虽然可以作为借鉴让教师得到很多启示，但是这种课程思政教学模式还是很难复制。一个重要的原因就是，所拥有的实施条件不一致。当然，课程思政建设不应当过分追求普适性，每个学校应该有自己的个性和特色，但是，课程思政普适性还是可以为其他的教师提供较好的示范和借鉴作用。

（2）缺乏很好的课程思政教学实施评价方案。最近的课程思政教学研究涉及教学评价的越来越多，但是更为详尽的优秀教学案例可能更能为教师提供参考。中国的高校教师大多博士毕业于非师范专业，没有经过系统的教师技能培训。这些教师具有很高的教育热情，科研能力很强，但是在教学方面可能还需要进一步提升。除了需要提供更为详尽的课程思政教学案例，高校也需要组织教师进行课程思政教学培训。更多的是，通过教学评价进行反馈，反思课程思政教学中的不足之处，不断地进行课程思政教学改进。教学评价的目的是对课程思政实施效果进行跟踪研究，因此在效果评价时需要更多地关注过程评价。分析文献发现，我国在课程思政的实践方面比较缺乏，主要集中于理论方面。尤其是关于课程思政教学的实践，没有比较完整的、成熟的衡量指标体系，导致实施效果不好。现阶段关于课程思政实践主要停留于实施路径的探讨上，其效果的跟踪比较匮乏。有些文献在效果评价的时候只是说学生反馈好，满意度高，所以课程思政教学改革很成功。这种评价就好比说，学生期末考试成绩有所提高，所以教学改革很成功。这里笔者认为存在两个问题，一是终结性评价的不合理，二是评价标准的不合理。缺乏好的评价标准和方案，必将很难反映出课程思政教学过程中出现的问题。

（3）课程思政教学研究的同质化较为严重。高校课程思政研究的同质化趋向比较明显，表现在多方面。例如，在面临不同专业、不同类型的高校时，很多研究在课程思政教育的相关含义、必要性等方面都有一定的共同性，大体上来说是相同的。但是，不同专业、不同类型的高校发展课程思政具有独特性，应结合高校的办学理念及风土人情来开展课程思政，避免出现课程思政的模式化。又如，许多研究都只是表述课程思政教学的重要性，在课程思政教学中加入了一些思政元素，学生反映很好。这样的论文结构不能说是错误的，但是，没有太多的新意。如何根据学生的学情、学校的具体实际做一些改变，达到人才培养的目标，是需要考虑的。分析其原因，有可能是长期以来，我国很多高校的考核都有重科研轻教学的偏好（很多学校排名都是量化的结果）。因此，在现有的课程思政考核评价当中，教师完成基本教学任务后，相关的教学科研业绩是具有决定性作用的评价指标。最终，导致科研是自留地、教学是公家田的观念根深蒂固，自然很多专业课程的教师对待教学工作不够认真、投入不足、应付差事。近年来部分专业课教师看到了“思政的政策之机”，想借风起飞，又自作主张、按自己的理解搞课程思政，有些做法违背了规律甚至违背了“科技伦理”和法律的要求。最终的结果要么是和别人进行同质化研究，要么出现“两张皮”，难以取得课程思政教学应有的成效。

文献中较少将学生作为主体进行研究。大部分的研究都是研究如何进行课程思政教学、教学的内容设计和课程思政的内涵等；也有的文献开始关注教师，研究如何组建课程思政教学团队共同提升课程思政的教学成效。但是站在学生的角度，他们与什么样的课程思政案例、什么样的事迹和教学模式最能产生共鸣，这样的调查研究还不多，只有一小部分牵扯到课程思政与师生之间的关系，考虑到了学生情感方面的需求。关于学生在课程思政认同感方面的研究，怎样设计学生心理需求的研究比较缺乏。忽视这一环节，产生的效果很有可能就是教师讲得眉飞色舞，仅仅感动了自己，没有感动学生，达不到内心的共鸣。

四、课程思政研究的相应对策

针对上述分析的重点问题，结合文献和教学理论，可以从以下几个方面进行考量。

（一）构建课程思政基本规范体系

目前对于课程思政的推行，在教师这一环节还有一些不足，部分教师对于思政元素理解得不够通彻，常常执行个人教学，这部分教师理应加大思想政治理论知识的学习，更深层次地挖掘思政元素。一是学习《习近平新时代中国特色社会主义思想三十讲》《习近平新时代中国特色社会主义思想学习纲要》及习近平总书记的重要讲话，将各专业课所蕴含的思政元素与思想政治教育理论相结合，建立专业与思政的桥梁，促进课程思政的开展。二是在教学大纲中落实课程思政，修订和完善教学大纲，独立设计课程思政版块，把思政元素、专业知识、教学方法、教学评价体系融为一体。三是在教材中深化课程思政，在课程思政的实施过程中，一定要严格编写和选用包括了课程思政内容的高品质的教材。

（二）构建课程思政教学研究体系

促进学生德智体美劳的全面发展，课程思政是必不可少的因素，是我国培养高水平人才的重要举措，同时也是思政课和专业课的沟通桥梁。课程思政是教学研究的重点，因此，我们需要做到以下几方面。一是大力发展高校教改的研究，将课程思政加入教改，尤其在教育教学方面，可以借助国内外关于课程思政的教学案例，查阅相关文献，从各个方面整理出优秀的课程思政案例，加大对教师发表课程思政教育教学论文的鼓励。在教育教学改革的基础上，设计课程思政教学案例，建立相关的示范课程，从而形成具有代表性的课程思政教学改革经验。二是通过开展各类教研活动，促进关于课程思政的交流沟通，营造良好的教师合作氛围。例如，开展一些教学沙龙、教学聚餐、教学公开课评比、教学效果检验等教研活动，经过专家的汇报、教学的研讨、教学案例的实施，提高教师的专业教学水平和丰富课程思政的内涵，组成一支比较强大的教师队伍。

这样可以促进各学院教师之间的交流，形成合力教学，一定程度上提升课程思政的针对性和时效性。三是建立专项课程思政，助推专业教学指导委员会关于专业课程思政的建设标准、教学评价等，帮助各专业教师挖掘本专业相关的思政元素，建立中国特色社会主义理论体系的教育课堂。

部分研究生课程的教师及研究生导师缺乏思想政治理论知识基础，由于没有相关的马克思主义专业背景，故实施课程思政存在一定的阻碍。因此，思政下的课程育人不应该把聚焦点放在研究生教师身上，让他们独立作战，而应该携起手来共同培养研究生。这与以往的研究生课程和课程思政有所不同，要将专业知识理论和课程思政理论完美地结合起来，取得共同育人的效果。想要更好地实现课程思政目标，需要建立一批强大的思政教师、专业课教师等各方面优秀教师队伍，实现一体化教学。首先，需要借助专业课教师的专业性，深入挖掘潜在的思政元素。然后，请专业的思政教师加以辅导，共同探讨如何将课程思政教育进行下去。最后，结合辅导员对学生的个性发展特点的了解，建立适合研究生的课程思政教育体系。通过研究生辅导员对研究生的调查研究，时刻关注学生的反馈信息，从而形成一个闭环的交流互动，促进研究生的全面发展。

（三）构建课程思政教师能力提升体系

高校教师课程思政水平的提高是一个系统性问题，考验各专业教师对马克思主义中国化的理解程度。这些也建立在教师具有教学技巧、教学评价、教学方法等教学经验基础上。在促进教师课程思政的成长道路上，可以建立一些相关的培养项目，例如课程思政集训营、课程思政加油站、课程思政研讨会等，这些都能提高教师课程思政的教学能力。目前高校很多教师对课程思政不够了解，无法将思政教学与专业课程结合，对于课程思政的教学方法、教学评价、教学案例不够熟悉，没有深刻地去挖掘专业课中的思政元素。所以，课程思政的实施需要设定计划、制定培养方案、组织课程思政教研活动等，从而提升高校教师的课程思政育人意识。在课程思政教师的养成阶段，教师需要积极地参与各类课程思政活动、提倡高校积极实施思政教改，进一步将课程思政与专业课相融合，教师积极主动地挖掘本专业的思政元素，设计好教学的每一个环节，从而将课程思政每一个知识点与专业知识结合，形成协同教育。在课程思政的示范引领阶段，高校教师能够深入理解马克思主义中国化的内涵，能将思政元素很好地融入专业课传授给学生，能够熟练把握思政教学的节奏，将隐性教育与显性教育结合，突出课程思政教学的重难点，打造属于自己的课程思政教学。

（四）构建课程思政质量监测体系

教学具有双边性，包括教师的教、学生的学。而课程思政主要是从学生的思想水平、政治觉悟等方面进行培养，教学过程中要时刻关注教师与学生的思想互动过程，给学生的成长、教师的发展奠定一定的基础。首先，关于课程思政目标的监控，课程思政目标最能直接体现教学内容，南开大学的教师就将宇宙简史课的课程思政目标定为“树立正确的宇宙观”，教师认为学生只有树立正确的宇宙观之后，才能真正认识世界观、人生观、价值观。课程思政教学要全面考虑学生的学习兴趣与技能，触发学生对人生价值的理解，使学生能够深刻地理解新时代中国特色社会主义。其次，关于课程思政的内容，课程思政最注重的是隐性教育，要符合隐性教育的一切特征，将以往的国家战略、英雄事迹等作为课程思政的载体，结合新时代的特征，让课程思政内容与教学内容相结合。再次，关于课程思政的方法，要建立在一定的实践基础上，关注各类专业课的课程思政，培养学生发现问题、提出问题、解决问题的能力，要尤其注意启发性教育，改变以往的传统教学理念，贯彻课程思政教学理念。为了更好地将信息技术融入课程思政，可以采用混合式教学、线上线下等教学方式，有利于提高学生的学习兴趣，使教学手段多样化。最后，关于课程思政的教学评价，要切实结合学生的实际生活，时刻关注学生的情感、态度、价值观等方面的取向，在教学案例中掺杂各类的课程思政教育。

课程思政要建立在科学的评价体系基础上，其中质量评价体系是课程思政持续改进的核心。实施质量的评价应从学校管理层、教师层等维度开展。

（1）学校管理层的评价。课程思政是高等院校关于课堂教改的一项主要任务，需要课程实施的一系列系统操作才能实现，管理层一定要提高顶层教学设计，建立可行的课程思政教师团队、完善制度规范、修订教材、构建教学质量评价体系，在此基础上建立课程思政实施效果奖惩机制，全员推进课程思政改革举措，多维度确保课程思政的开展。

（2）教师的评价。评价体系中还包括教师对课程思政实施的评价，可以从课程思政教案大纲的设计、教学内容等方面建立全方位评价体系，使教师在刚接触教学时就能意识到课程思政的教育目标，使教师考虑到作为一名高校教师，应该为国家“培养怎样的人才?”“怎样才能将课程思政教学案例完善?”等问题充分发挥预设作用。

（3）学生的评价。课程思政的主要对象是学生，故学生是教学评价的主体，也是该计划的最大收获者，同时也能直接检验课程思政教学成效，学生在课程思政中学习的内容一定是以学生为本，以学生的发展为基础，可实际检验课程思政教育效果，以及体现高等院校思政教育建设的有效性。

（4）企业对人才培养的评价。课程思政具有长期性与反复性，要坚持对学生进行思想政治的渲染，对其思想进行随时的调控。企业是大部分高校毕业生的就业目标，可以对课程思政进行有效的评价，也更具有评价价值。各企业需要有对就业学生的职业道德、职业理想的评价体系，进一步检验学校课程思政教学改革和人才培养成效。

教师在课程思政中起着主导作用，理应充分发挥专业课的特点进行思政教学，故高校应该加大对教师的科研支持力度。促进教师课程思政的发展，离不开科学理论的指导，各高校应该定期开展课程思政的研究研讨，鼓励每一位老师积极地参与到课程思政的活动中。在课程思政的实践中，尤其是课程思政的教学设计，是非常重要的一个环节。需要通过科学研究建立一个完整的教学体系，突破教师课程思政的困扰，使科研与课程思政形成一个有机体。

五、课程思政研究的发展趋势

根据课程思政主题关键词的演变及国家政策导向，可以预测课程思政教学改革可能往以下几个方向发展。

（一）课程思政的综合体系构建

经过这几年的课程思政教学实践，缺乏顶层设计的弊端越来越明显，学界越来越感受到课程思政单打独斗式教学难以形成合力。参考欧美国家的经验，调动政府、学校、社会组织和科研机构的力量，也许会更好地发挥课程思政“随风潜入夜，润物细无声”的教学效果。现今大部分的课程思政研究聚焦于某门课程的实践教学，但是人才培养是一项系统工程，除了与课程知识有机结合外，也需要与思想政治元素的挖掘有机结合。这既可以前后呼应，也可以避免课程思政教育前后“撞车”，避免造成不必要的资源浪费，甚至产生负面影响。随着课程思政“单元”教学模式的成熟，课程思政研究自然而然要朝着系统化、结构化方向发展。

（二）以学生为主体的课程思政实施策略

课程思政教学的主要构成方有三个：教师、学生和教学行政部门。学生是主要的受益方和工作对象。但是，显性的“获利”方可能是教学行政部门或教师。这导致了现在很多课程思政相关的研究文献都是从教师的视域来分析问题，在课程评价方面也较少涉及学生的发展。随着大家对学生是学习的主体这一教育观念的不断认可，必将会越来越多地将研究转向学生发展的视角来考虑问题。思考角度的不同也会引起课程思政教学实施策略的转变。未来，关于这一方面的研究会增多。例如，在以学生为主体、教师为主导的线上线下混合式教学背景下，不同高校、不同专业课程思政的实施策略如何研究，有待广大教学科研工作者去进一步探索。

（三）课程思政评价方法研究

课程思政教学涉及的范围太广，既包括各类学科、各类学校，甚至包括一些社区培训班，也包括教师、学生等相关利益方。质量评价体系是推动课程思政持续改进的重要手段。课程思政教学的教学效果需要利用不同的评价体系和方法进行评价。关于课程思政有效性、绩效评价及其指标体系构建的研究才刚刚起步，课程思政实施效果的评价应从学校管理层、教师、学生和企业等维度进行。未来，课程思政教学评价的研究会成为热点。进行课程思政评价时考虑的因素会更多，更加关注学生的发展和社会主义核心价值观的养成。

第二章　以学生为中心的混合式教学模式

AI技术和云技术的迅猛发展使得混合式教学模式越来越普及，越来越多的教师开始围绕学生的成长开展教学，并和混合式教学模式融合。特别是近几年，由于新冠病毒感染疫情的影响，更多的教师开始接受混合式教学的理念。混合式教学已经成为高等教育教学的新常态。相较于传统教学，混合式教学更加注重利用信息技术手段对教学状况进行分析，改善教学效果。课程教学开始从以教师为中心转移到以学生为中心的教学理念上。

第一节　混合式教学的理论

混合式学习模式得到广泛的应用，一个重要原因是这种教学模式的教学效果得到很多教师的验证。这一变化引发了许多理论研究者和教育工作者的广泛关注，继而探究其理论根据。理论指导实践，实践促进理论的深化，理论研究的热情之高可以从中国知网文献检索的结果得到佐证。2023年9月26日，以“混合式”为篇名检索期刊论文就有4万多词条，其中学位论文达到1800多条。

什么是混合式教学或者说混合式教学模式？混合式教学，一般指教学中至少融合应用了两种教学模式。我国教育家、北京师范大学何克抗教授认为，混合式教学就是将在线学习模式和传统的面对面授课模式相结合的一种教学模式，既体现教师的主导作用，又体现了学生的主体作用。上海师范大学黎加厚教授则认为，混合式教学是将各种要素相融合，达到教学目标。国外也有很多研究者给出其定义。比如，Breen教授认为混合式教学是线上线下学习相结合的一种教学模式。Margaret教授则认为，混合式教学是多种网络技术学习法和面对面教学相结合的一种教学模式。不管国内还是国外，混合式教学都要借助信息技术的辅助。作为一种新的教学模式，在后疫情时代，许多国家都在积极推行混合式教学。新冠病毒感染疫情已经改变了很多学校的上课方式和学生的学习习惯，教师传统的教学方式和教学理念受到很大的冲击。借助大数据、云技术和AI技术辅助教学的模式变得越来越普及。显然，混合式教学已经得到了广泛认可，注定会成为未来教育的“新常态”。

在讨论混合式教学时，还得先回顾一下混合式学习（blended learning，BL）。混合式学习一词来源于英文的“Blended Learning”。美国人才发展协会（association for talent development，ATD）即原美国培训与发展协会（American society for training and development，ASTD）将混合式学习定义为应用“合适（right）”的学习技术，配合“好（right）”的个人学习风格，在“适当（right）”的时间转换成“正确（right）”的技能给“适合（right）”的人，从而达到最佳的学习目标，也可以理解为混合式学习是根据学习内容、学习规模、学习环境等对传递方式进行合理的选取及利用，用以强化学生的学习效果和提升教师的工作绩效。在互联网时代，混合式学习需要通过信息技术、学习手段有效整合碎片化的时间和学习者的注意力，使学习成为一种自发学习的持续性的行为。与过去十几年中广泛应用并被普遍接受的混合式学习相比，混合式教学可以说是一种新的教学现象，可以看作混合式学习的优化。不同的一点是，混合式教学是从教师的主导地位出发，聚焦怎样帮助学生取得最好的学习成效。基于混合式学习和混合式教学的相关概念，混合式教学可以归纳为在恰当的时间应用恰当的多媒体技术，提供较好的资源和活动与学习环境相呼应，帮助学生形成相应的能力，从而取得最好的教学效果的一种教学方式。通俗地说，就是教师是主导、学生是主体，教师借助各种手段帮助学生学习，开展有效教学。

为了更好地开展相关教学，研究学生的认知和相关的教学理论非常重要。

一、建构主义理论

讲到建构主义理论，很自然地就会联想到“脚手架”。在建筑工地上，脚手架是必不可少的，脚手架是为了保证各施工过程顺利进行而搭设的工作平台，建筑工人可以在脚手架的帮助下更好地开展工作、完成任务，见图2-1。

图2-1　脚手架

教学对学生的作用与脚手架对建筑工人的作用非常像。学生在学习的过程中，经常会遇到各种各样的困难，有些困难自己很容易就解决了，但是有些困难需要借助外力才能解决。这个外力就跟脚手架的作用一样。教师在教学的过程中，根据学生的已有经验，为学生设计一些稍有难度的项目（或者教学内容），一步步引导学生克服困难，建立新的学习经验，再进一步挑战新的学习目标。建构主义有一则在教育学里非常经典的故事——鱼与青蛙的故事。鱼和青蛙是一对非常要好的朋友，他们居住在小水池里面。有一天他们听旁人说起外面的世界很精彩，于是他们都非常想出去看看。鱼需要常年生活在水里，不能离开水而生存，于是青蛙就一个人出去了。经过在外面世界的探索，青蛙回到了小水池，鱼不停地询问青蛙外面的情况。青蛙非常热心地告诉鱼，外面有很多好玩的东西。青蛙说："比如说牛吧，这真是一种奇怪的动物，它的身体很大，头上长着两个犄角，吃青草为生，身上有着黑白相间的斑点，长着四只粗壮的腿。"鱼惊叫道："哇，好怪哟！"同时脑海里即刻勾画出他心目中的"牛"的形象：一个大大的鱼身子，头上长着两个犄角，嘴里吃着青草，……（见图2–2）

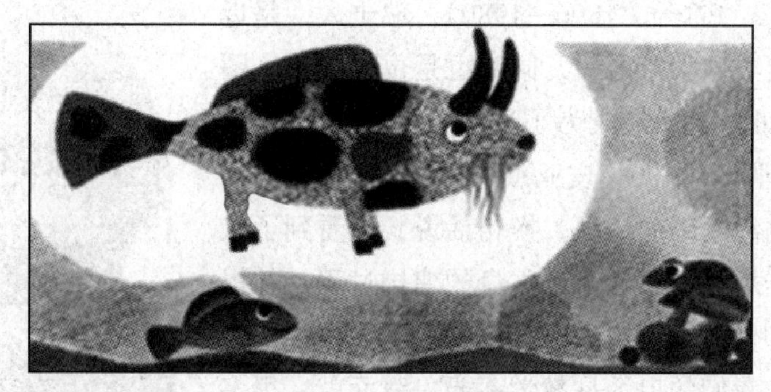

图2–2　鱼牛形象

对我们来说，很容易就可以发现这不是真实的牛的模样。可是，该以一种什么样的方式去告诉小鱼牛的样子呢？解决这个问题，和教师解决如何教授学生新知识是一个道理。每个教师面临的学生不一样，他们来自五湖四海，不同的学校、不同的专业，面临的情况也不一样。即使同一专业的学生，学习基础也截然不同。那么在教授同一门课程的时候（不管是同一专业还是不同的专业），教师在讲授新内容的时候都面临同样的问题——如何让学生掌握新的知识和理论。同样的教学方式下学生掌握的情况可能参差不齐、五花八门。这就涉及建构主义的核心，学习不是灌输，而是学生在已有经验基础上的知识重构，换句话说，学习者要掌握的知识结构和学习者已有的知识结构要相匹配。因此，不同基础的学生，面对同样的知识点，掌握的程度会完全不一样，需要搭建不同的学习"支架"。

建构主义发展到现在，诞生了一大批教育家和研究者，其中的优秀代表人物有杜威、皮亚杰和维果茨基等。

约翰·杜威（John Dewey，1859—1952），美国哲学家、社会学家、教育学家（图2–

图2-3　约翰·杜威

3）。杜威终生都在对一种建构主义的知识论进行精细加工。杜威对“经验”进行了解释，他认为经验包括经验的事物（经验的主体或有机体所面对的对象或环境），即人们做些什么，遭遇些什么，追求什么，爱什么，相信和坚持什么。同时，经验还包括经验的过程（主体对对象所起的作用），即人们怎样生活，怎样操作和怎样经历各种事件，以及人们的观察、信仰和想象的方式等。经验的对象和经验的过程不可分割，是一个统一体，是经验者与被经验者的相互作用，或者说是有机体与环境的相互作用，这就是我们最早说的“情境”。知识和思想只能形成于这样的情境，杜威提出了“思维五步法”——疑难境地、问题识别、大胆假设、严谨推理、细心求证，揭示了科学发现的逻辑和认识活动的基本步骤。

皮亚杰（Jean Piaget，1896—1980），瑞士人，是近代最有名的发展心理学家之一，同时也是位哲学家（图2-4）。他的认知发展理论成为了这个学科的典范。在《发生认识论原理》一书中，皮亚杰认为，关于传统的认识论只看到了高级水平的认识，换句话说，只看到了认识的某些最后结果，看不到认识本身的建构过程，并提出“儿童的认知发展”是按阶段划分的，不能跨越，也不能颠倒。这给我们的启示是教学不要一蹴而就。很多时候我们抱怨学生学不懂、水平太差，可能就是因为我们习惯性地将自己已有的知识水准全部倒给学生，但是学生却一脸茫然，真正的原因是我们没有分析好学情。

图2-4　皮亚杰

图2-5　维果茨基

维果茨基（Лев Семёнович Выготский，1896—1934），苏联卓越的心理学家（图2-5），主要研究教育心理与儿童发展，着重探讨思维和语言、儿童学习与发展的关系问题，提出了“最近发展区”的概念，又进一步考察了教学和发展的关系。他认为，“教学应该走在发展的前面”，并且，“教学的作用是帮助儿童形成新的机能，而不是训练已有的机能”。

建构主义理论认为，学习者的知识获得是通过图式来完成的，即通过原有的认识结构来完成。学习者在进行学习的时候，旧的认识结构不断调整、增加，和外界的社会环境相适应。比如，小孩子的图式是行为图式，到成年就形成抽象的图式。当新的知识出现，旧有的平衡被打破的时候，学习过程重复进行，周而复始，最终达到新的平衡。无论是从教学观、学习观还是认识观来看，学习都不是由教师传递完成的，学习是学习者自主的、主动的学习过程，教学的作用不是向学生直接传递知识，而是为学生创设更多的学习活动，使学生在学习活动中建构新的知识，掌握新的技能。就混合式教学而言，更多的是需要利用建构主义的教学理念进行有效教学，即利用建构主义理念为学习者搭建学习支架。归结起来，建构主义教学理念主要有以下4点：① 学习者建构自己的理解；② 新的学习依靠现有的理解；③ 社会性的互动可以促进学习；④ 意义学习发生在真实的学习任务之中。

诚如表2-1所示的一样，建构主义十分注重关注学生的现有状况，旨在帮助学生学习，搭建“脚手架”。显然，这是一种自上而下的教学，注重顶层设计。根据建构主义教学理念，在教学的时候，需要提出一个完整的复杂问题，树立清晰的目标。对学生来说既有挑战性，又有吸引力。这个时候，教师需要分解任务，既可以单独完成任务，也可以小组协作完成。学生开始的任务可以较为简单，慢慢地加深难度，先帮助学生如何提出问题，再过渡到学生自己提出问题。

表2-1　传统课堂和建构主义课堂的区别

传统课堂	建构主义课堂
课程展示由部分到整体	课堂展示从整体到部分，注重概念
高度重视严格遵循固定的课程	高度重视学生提出的问题
课程活动主要依靠教科书和练习册	课程活动主要依赖直接的资料来源和具有可操作性的资源
学生被认为是“白板”，注重灌输	学生被视为思考者，提出关于这个世界的看法
教师常常采用说教的方式灌输学生知识	注重师生互动、为学生创设环境
教师寻求正确答案验证学生的学习成效	教师寻求学生观点与现有理解，为日后的教学做准备
学生评价与教学分离，采用终结性评价方式	教学与评价相结合，注重全过程评价
学生单独学习	小组合作学习

注：本表参考崔允漷《有效教学》。

二、分布式学习理论

随着认知心理学的不断发展，认知心理学呈现出的弊端受到越来越多的批判。其一，传统的认知心理学将复杂的行为还原成连续的简单行为。其二，传统的认知心理学在讲述信息加工的神经表达机制时，企图把人类的思想归类为神经生理学。传统的认知理论过多地关注个体的学习体验和控制实验，但人是群居动物，需要考虑其社会性。有研究结果表明，当一个人与世隔绝的时候，其许多智能会退化。因此，传统的认知心理学脱离社会文化的视角，必然无法反映学习者在认知过程中的灵活性。美国加利福尼亚大学的赫钦斯（Edwin Hutchins）于1978年在加利福尼亚大学获得文化人类学（cultural anthropology）博士学位。1988年任教于加州大学圣地亚哥分校认知科学系，与James Hollan教授合作领导分布式认知与人机交互实验室（Distributed Cognition and Human-Computer Interaction Laboratory）。他主要研究真实世界中认知活动的特征。赫钦斯受到维果茨基和明斯基（Minsky）思想的影响，提出分布式认知的概念。"分布式"一词最初出现于计算机领域，用于描述计算机网络数据储存和处理两大功能。当被引入教育领域后，出现了"分布式学习""分布式学习系统""分布式学习环境""分布式认知"等概念。根据美国高级分布式学习（advanced disrtibuted learning，ADL）机构和Saltzberg教授（1995）的研究，分布式学习被看作"利用各种媒介与技术形成丰富的资源和构建良好的学习支持环境，构成各节点相互关联的系统，在这个系统中进行的教学时空分离，以学习者为主体的学习活动"。其核心观念为认知的影响不仅仅局限于个体，还与个体所处的环境息息相关。该理论强调去中心化，个体之间既相互独立，又相互联系，认知现象的发生必须把整个系统作为一个认知单元来考虑。很多时候，系统环境的影响将很大程度上决定个体的认知高度。

为此，赫钦斯教授应用两个例子对分布式认知的方法进行阐述。第一个是海上船只的定位行为。首先，站在船边的船员需要找到并回忆岸上地标的描述，这是一个互动的状态内部表示过程。然后，乘员使用准直器测量地标的方向，这是一个内部表示和技术工具表示的交互过程。接下来，乘员需要将方位角数据通知驾驶室的记录员，这是一个不同内部表示的社会交互过程。接着，记录器将定位数据记录在日志中，这是内部表示和外部技术工具表示的交互过程。最后，船长可以通过查看日志中的数据或直接听取记录员的口头报告来作出决策或计划。第二个例子是飞机驾驶舱的定速行为。驾驶舱通过飞行员与各种表征设备、工具和媒介之间的复杂交互来确定飞行速度。这个案例中，赫钦斯指出，分布式系统的认知特征与所使用的表示媒体的物理特征密切相关。此外，赫钦斯还指出，个人记忆的完整理论不足以解释这种认知活动，因为许多记忆活动发生在个人之外。

分布式学习理论和现在的混合式教学模式非常契合。基于现代教育技术基础上发展而来的大型开放式网络课程（massive open online courses，MOOC）和小规模限制性在线课程（small private online course，SPOC）教学模式将线上丰富的教学资源与面对面教学结合，形成"互联网+"学习资源、交流互动和学习指导于一体的学习环境。这种学习环境将时空和环境进行了巨大的拓展，既为学生提供了开放、自由、互动的学习环境，又为教师提供了分析、指导的学习工具。

总体来说，分布式学习具有以下特征：

① 强调学习的信息化，信息化学习环境，使学习者能超越时空限制，强调时空分离，说明它是未来远程教育可能的发展阶段或者只是具有远程教育本质特征（教与学时空分离为远程教育的本质）；

② 强调广泛的对象，不局限于目前远程教育针对的主要对象——在职成年人，说明分布式学习可以是终身教育的一种突破方式；

③ 强调以学习者为主体，充分体现了建构主义追求的学习者自我构建对世界理解的知识模型，以及对学习情境的重视；

④ 强调学习的随机性，融入了后现代主义的理念，与后现代主义的特点相合，即矛盾、不连续、随机、无约束、流程短等，因此分布式学习也是一种后现代的学习方式。

三、其他学习理论

混合式学习的理论还有很多，比如面向全体学生的掌握学习理论、以问题为中心的首要教学原理、关注高阶思维养成的深度学习理论、促进记忆保留的主动学习理论等。

（一）面向全体学生的掌握学习理论

这是起源于工厂标准化、流水线式生产思想的教育教学人才培养模式，是一个要求在规定的时间内，采用标准化的教材、统一的教学方式、统一的教学媒体及标准化的考核评价方式等实现标准化的教学过程。在教学设计的过程中，教师被迫选择以中等水平的学生群体作为参照，开展教学设计、教学进程安排和教学评价等活动，其结果必然会导致学生之间出现学习差异和成绩分化的现象。学生成绩分化的正态分布曲线反过来继续强化教师的教学设计，并最终形成一种教学设计与学习成效的恶性循环。然而，如果教学是一种有目的、有意识的活动而且富有成效，那么学生的学习成绩就应该是一种偏态分布，即绝大多数智力正常学生的学习成绩能达到优良甚至优秀。基于上述认识，布鲁姆提出的掌握学习理论认为，只要给予足够的时间和适当的教学，几乎所有的学生对学习内容都可以达到掌握的程度。

掌握学习理论提出后，世界各国教育界进行了大规模的掌握学习实验，但由于受当时条件的限制，还不能彻底解决统一教学与学生个别学习需求之间的矛盾，尤其是优秀学生的学习需求无法得到满足，而使该理论的发展处于停滞状态。时隔半个多世纪后的今天，信息技术对于满足学生学习需求的天然优势得以彰显，掌握学习理论为混合式教学尤其是课前知识传递阶段的学习提供了坚实的理论基础。

（二）以问题为中心的首要教学原理

美国犹他州立大学Merrill教授的研究结果表明，只讲究信息设计精致化的多媒体教学和远程教学产品，虽然产品质量上乘，外观也颇吸引人，但由于其并非按照学生学习的要求加以设计，因此只会强化教师讲授式的教学。在结合社会认知主义、建构主义学习理论等多种代表性理论的基础上，Merrill提出了以问题为中心的首要教学原理，认为当学生解决真实世界中的问题时，其学习会得到促进。

围绕面向真实问题的解决，Merrill提出了有效教学的四个阶段：激活、展示、运用和整合。其核心思想是，只有当教师的问题设计是面向真实世界且给学生提供相应的问题解决指导的时候，学生的有效学习才会发生，教师的教学效果才会得到提升。这一理论的提出，将教学推向了更加复杂广阔的真实世界，不仅强调教学设计要关注学生真实世界劣构问题（ill-structured）的设计及问题解决方面的指导，而且要求教师转变讲授式教学理念，从知识的传递者转变为学生学习过程中的指导者、协助者、促进者。

（三）关注高阶思维养成的深度学习理论

布鲁姆将认知过程的维度分为六个层次：记忆、理解、应用、分析、评价和创造。观察当前的课堂教学可以发现，教师的大部分教学时间仍然用于如何帮助学生实现对知识的记忆、复述或是简单描述，即浅层学习活动。而关注知识的综合应用和问题的创造性解决的“应用、分析、评价和创造”等高阶思维活动，并没有在当前的课堂教学中得到足够的重视。深度学习理论研究者正是在对孤立记忆与机械式问题解决方式进行批判的基础上，提出教师应该将高阶思维能力的发展作为教学目标的一条暗线并伴随课堂教学的始终。

在当今的大部分课堂教学中，学生需要较少帮助的浅层学习活动，发生在教师存在的教室之中。而当学生试图进行知识迁移、作出决策和解决问题等深度学习时，却发现自己孤立无援。基于此，以翻转课堂为代表的混合式教学，将原有的教学结构实现颠倒，即浅层的知识学习发生在课前，知识的内化则在有教师指导和帮助的课堂中实现，以促进学生高阶思维能力的提升。

（四）促进记忆保留的主动学习理论

依据信息加工理论，所有的学习过程都是通过一系列的内在心理动作对外在信息进行加工的过程。美国加州大学圣塔芭芭拉分校心理学教授梅耶正是从这个观点出发，讨论了学习过程模式中新旧知识之间的相互作用，认为通过培养有效的学习习惯，以及避免无效的学习习惯可以更好地完成学习任务。近年来，认知科学家的研究结果表明，主动学习是促进知识由短期记忆转化为长期记忆的最佳方式。结合戴尔的“经验之塔”理论可以发现，被动地接受教师教学中传递的抽象经验和观察经验，学生的记忆保留时间较短、学习效率低下。由于经验能以生动具体的形象直观地反映外部世界，因此主动参与性的学习活动能够促使记忆长期保留，这与中国近代教育家陈鹤琴先生“做中教，做中学，做中求进步”的教学方法论不谋而合。正因于此，为促进学生的记忆保留，在混合式教学中通过教师的协助和指导，学生以自主学习和合作探究的学习方式参与到真实问题解决的实践活动中，并与同伴协同完成实践活动。在此过程中，学生通过观察与内省获得知识和技能，掌握问题解决的思路与方法，并不断丰富和完善自我的情感、态度和价值观，实现自我超越。

第二节　混合式教学设计流程

近年来，混合式教学已经越来越普及。混合式教学设计是进行混合式课堂教学的第一步，也是关系混合式教学成效的关键步骤。尽管大家对混合式教学设计已经有所了解，但是在这里，还是要对混合式教学设计进行一些归纳和总结。

一、混合式教学设计的基本原则

不管是混合式教学设计还是传统的教学设计，就目前的教学类型而言，不外乎面向三种类型：知识、能力和素养（情感、态度、价值观）。这三种教学类型面向的是不同类型的课程，主要依据是课程的教学目标定位。即使是一种课程，依据培养目标也可以有不同类型的教学设计。有研究认为，知识传授型需要通过作业和测试题等强化学生的知识概念，使其形成知识的内化。现今大多数教学平台基本采用知识传授型教学模式，对于一些概念较多的基础课程，许多老师也喜欢这种知识传授型教学模式。能力培养为主的教学则是需要构建知识传授的框架结构和途径，形成以问题为导向的教学。在这个方面，实践环节需要得到加强，学生需要自己设计实验，或者采用团队合作的方式去解决某些问题。比如，在数字电子技术课程中，电路设计是需要掌握的重要能力之一，如果学生不自己动手实践，那么将很难培养学生的电子信息素养。混合式教学可以较好地结合能力培养型和知识传授型的教学优势，通过在线教学平台的资源（大多是微视频）对学生进行引导，结合线上学习的反馈信息，有针对性地引导、督促学生完成某个项目，实现对学生的电路设计能力和创新能力的培养。而以素养提高为主的教学也不是单独的，在一门课程中，需要培养的知识、能力和素养有很多，课程思政教学也是其中重要的内容。教育部也从立德树人和“三全育人”的高度阐释了党和国家对学生发展的重视。国际经济合作与发展组织（Organization for Economic Co-operation and Development，OECD）把“素养”界定为：在特定情境中，通过利用和调动心理社会资源满足复杂需要的能力。素养的培养包括创建真实的情境（问题）、主动地参与、连接紧密的跨学科知识与技能、多元智能的培养，以及过程与结果并重的学习。

当然，知识、能力和素养这三种教学类型不是孤立的，在一门课程中往往需要将这三种类型综合应用，以取得最佳效果。

混合式教学可以较为有效地融合三种教学类型，国家对混合式教学大力支持，混合式教学也被认为是未来最主要的教学模式之一。如今，大多数教师都接触过混合式教学，但是大多数还处于探索阶段。随着对混合式教学实施的深入，越来越多的教学方法与手段、问题不断涌现。很多教师也对混合式教学有着自己的理解和看法。但是，结合混合式教学中线上、线下各自的优势和特点，也有一些需要注意的原则。

（一）建立多样化交流的原则

从联通主义学习理论中可知，知识存在于各种连接中，学习是连接的建立和网络的形成，知识的更新是在学习者之间或学习者与学习内容之间交互的过程中出现的。美国教育协会在2004年制定了21世纪学习框架，认为21世纪人才应该具备18个要素，其中之一就是沟通能力和合作精神（communication and cooperation）。混合式教学模式中的小组合作学习也是重要一环，即使有时候也需要独立进行学习。混合式教学往往需要借助一个教学平台，在国内较为有名的教学平台有超星学习通、雨课堂、中国大学MOOC等。有时候，混合式教学设计就是为了帮助学习者建立一个交流的平台，或者说设计一个让学生方便地和同伴进行正式或非正式互动的环境，并进行小组讨论。除了在线学习沟通环境，面对面的交流也很重要。越来越多的研究结果表明，在线沟通环境缺乏面对面环境中的情感支持。因此，设计多情景、多模式的交流平台是混合式教学的主要环节。例如，采用超星学习通进行混合式教学模式设计时，为了使学生的学习更有意义，建立多种互动和联系，包括师生互动、生生互动、学生与学习环境的互动、知识获取和联系过程中与他人的持续反馈、认知和情感的持续交织等，以便在与同龄人的互动中学习。

（二）重视学生自主学习能力培养的原则

本书中，自主学习能力包括基本的自主学习能力、发现资源的能力、碎片化学习的能力、领会新知识的能力和适应信息环境并加以利用的能力等，也就是包括创新实践能力，发现问题、解决问题的能力。随着信息时代的迅猛发展，越来越多的学习资源呈现在学生面前，面对庞大而又复杂的信息环境，学生接受新知识的能力尤为重要。学生既要能够快速地进行自我学习，还要学会甄别有用的知识，进行高效学习。无论采用什么样的学习平台，那仅仅是一个交互的工具，开展混合式教学设计的时候一定要充分考虑学生学习能力的培养。

（三）多种资源整合的原则

根据建构主义理论中的“最近发展区”理论，要帮助学生学习、激发学生潜力，需要持续不断地设置“最近发展区”。“最近发展区”平台的构建更多地需要教师的帮助，在进行混合式教学设计的时候考虑呈现给学生的资源平台。“互联网+”时代海量的数字资源为教师提供了丰富的教学资源，但是也会因此产生一系列问题，如资源获取的方式复杂、资源的适用性、教学资源冗余等问题。学生在进行学习的时候往往会出现迷茫、无法进行有效学习等问题，更为严重的是，有可能误入歧途。要充分利用学习平台的资源媒介和载体的功能，进行多样化的教学资源组合，以PPT课件为主要载体，结合图像、文本、视频、语音、动画等资源，为学生提供适合课程学习的移动学习资源。同时，借助学习平台的数据分析功能，及时反馈学生的学习情况，使学生能及时了解和掌握自己的学习进展，以便对自己的学习做出正确的评价，及时调整学习方式。比如，多媒体课件的制作就需要充分考虑学生的学情和教学环境，不能简单地堆砌教学资源，而是要从学生的探究需要出发，制作有效的、组合优化的、符合课程特点的多媒体课件，这样才能更有效地提升学生的学习效率。

（四）形成性评价和总结性评价相结合的评价原则

混合式教学的一个重要的优势就是可以借助平台的数据搜集形成实时的数据反馈。例如，学生的课前自学任务完成情况，课堂签到情况，课堂教学中的表现情况（包括课堂讨论、回答问题等），这些数据既可以反馈班级学习的整体情况，也可以反馈单个学生的学习情况。教师在进行混合式教学设计的时候可以考虑将这些数据加入学生的评价中去，也可以根据这些数据及时进行教学调整，帮助学生达到学习目标。当然，作为一门课程，最终需要给出一个评价、一个分数，而学生也往往将这个分数看得极为重要。但是评价的目的是改进，帮助学生改进学习方法，往往评价需要更为全面及公平公正。因此，对学生的评价既要考虑总结性评价，还要考虑评价过程，考虑学生对日常学习目标的达成度，从而方便教师对教学效果进行更科学的判断。

二、混合式教学设计的模型

要理解教学设计模型，先要对教学设计模型有个比较分析。或许大家对模型两个字很熟悉，如数学建模、模型设计等。但是，真要下个定义，或许很多教师还是有些迷茫。有学者认为，模型是指对于某个实际问题或客观事物、规律进行抽象后的一种形式化表达方式。也就是说，根据这个模型，学习者可以快速模仿和学习。所谓教学设计模型，就是教师在进行教学设计的过程中采用的程式化逻辑结构。表2–2是对部分教学设计模型的比较分析。

表2–2　部分具有代表性的教学设计模型

序号	模型名称	提出者及时间	主要特征	参考文献
1	ADDIE模型	Gagne（加涅），美国，1975	分析（analysis）、设计（design）、开发（development）、实施（implementation ）和评价（evaluation）	加涅. 教学设计原理：第五版修订本［M］. 王小明，译. 上海：华东师范大学出版社，2018.
2	“肯普”模型	Kemp（肯普），美国，1977	四个基本要素，三个主要问题，十个教学环节（被称为ID1的代表性模型）	何克抗. 教学设计理论与方法研究评论（一）［J］. 开放教育研究，1998（2）：20-25.

表2-2（续）

序号	模型名称	提出者及时间	主要特征	参考文献
3	BOPPPS教学模型	Douglas Kerr（道格拉斯·克尔），加拿大，1978	导言（bridge-in）、学习目标（objective/outcome）、前测（pre-assessment）、参与式学习（participatory learning）、后测（post-assessment）和总结（summary）	郑燕林，马芸. 基于BOPPPS模型的在线参与式教学实践［J］. 高教探索，2021（10）：5-9.
4	ARCS动机模型	Keller（凯勒），美国，1979	注意（attention）、相关（relevance）、自信（confidence）和满意（satisfaction）	郭德俊，汪玲，李玲. ARCS动机设计模式［J］. 首都师范大学学报（社会科学版），1999（5）：95-101.
5	"史密斯–雷根"模型	Smith，Ragan（史密斯、雷根），美国，1993	教学组织策略、教学内容传递策略、教学资源管理策略（被称为ID2的代表性模型）	何克抗. 教学设计理论与方法研究评论（一）［J］. 开放教育研究，1998（2）：20-25.
6	四元模型（4C/ID）	Jeroen J. G. Van Merrienboer（杰伦·J. G. 范梅里恩伯尔），荷兰，1997	一个中心（以任务为中心），四项原则（激活原则、展示原则、应用原则、整合原则）	杰伦·J.G.范梅里恩伯尔，盛群力. 四元教学设计模式主要设计原理［J］. 开放教育研究，2020,26（3）：35-43.
7	"主体—主导"模型	何克抗，中国，1999	"发现式"或"传递–接受"认知结构，"现行组织者"教学策略，"情景创设"与"学习效果评价"	何克抗，李克东，王本中，等."主导—主体"教学模式的理论基础［J］. 湖南第一师范学院学报，1999（2）:3-9.
8	"6+2"教学设计模型	戴士弘，中国，2007	"6"：职业活动导向、能力目标、项目载体、用任务训练职业岗位能力、以学生为主体和知识理论实践一体化；"2"：外语、道德和素质，职业核心能力	戴士弘.职业教育课程教学改革［M］. 北京:清华大学出版社，2007.
9	IDMFLHE模型	林哲日、李志秀，韩国，2013	面向翻转课堂，包括课程和课堂两个层面教学设计，四个关键维度——功能、起源、数据、分析方案	LEE J, LIM C, KIM H. Development of an instructional design model for flipped learning in higher education［J］. Educational technology research and development, 2017，65（2）：427-453.

注：本表参考深圳职业技术学院向怀坤教师对教学设计模型的归纳。

这些教学设计模型，一开始并非针对混合式教学。很多教学设计模型都是第二次世界大战期间由军事需求推动和创建的，许许多多的教学设计（ISD）模型都诞生于那个时期。例如，ADDIE模型就是由美国军队发明的，用于确保士兵训练效率和效果。由于教学效果非常突出，得到广泛的应用。那时，混合式教学的概念都还没有被提出。但是随着信息技术迅猛发展，特别是"互联网+"的普及，混合式教学的概念越来越深入人心，许多教学设计模型结合了混合式教学的特点，下面就ADDIE教学设计模型和BOPPPS教学设计模型进行简要的介绍。

（一）ADDIE教学设计模型

ADDIE教学设计模型，称为“ADDIE Model”，就是从分析（analysis）、设计（design、开发（development）、实施（implementation）到评价（evaluation）的整个流程。“分析”阶段的工作包括学习者分析、教学内容分析、使用工具分析、学习环境分析等。“设计”阶段的工作包括课程大纲拟定、课程架构图规划、教学目标的撰写、教学设计表设计。“开发”阶段的工作包括内容表现方式、教学活动设计、回馈设计、接口设计等。“实施”阶段的工作包括脚本撰写、美术设计、程序设计、档案管理等。“评价”阶段的工作包括测试、内容评价、接口评价、教学效果评价等。

通过上述分析可以得到，ADDIE教学设计模型和混合式教学分属不同的类型，不能从ADDIE教学设计模型得到混合式教学的特点。根据前面所述，ADDIE教学设计模型诞生于第二次世界大战时期的美国军队，那时候还没有网络和多媒体。因此，有必要对混合式教学的实施流程展开讨论，以便为实践者将ADDIE教学设计模型和混合式教学模式结合提供参考。综合专家学者的研究成果，在此基础上考虑到教师、学生、教学目标、教学策略和教学评价5个因素，按照课堂教学的时间前后顺序重新构建课程思政混合式教学模式。在一个完整的课堂教学环节中，一般划分为“课前”“课中”“课后”三个阶段。在此，在这三个阶段的前面增加一个前端分析阶段，就构建成一个四段式混合式教学实施流程，如图2-6所示。

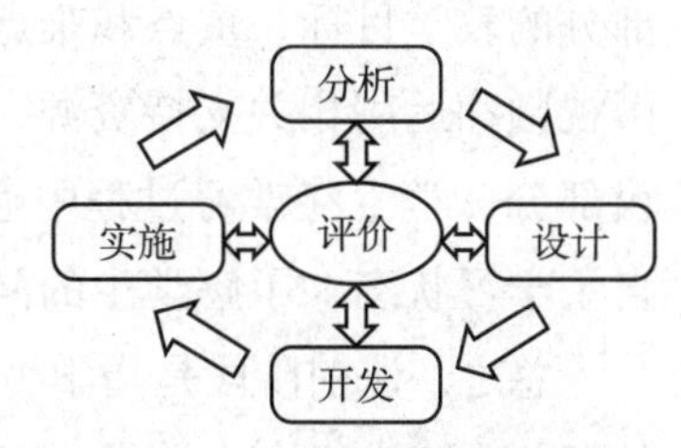

图2-6　ADDIE教学设计模型

1. 前端分析阶段

前端分析阶段是美国学者哈里斯提出的教学设计概念，是指在教学设计过程开始时，对一些直接影响教学设计但不属于具体设计问题的问题进行分析，主要包括学习需求分析、学习者特征分析、教学内容分析和学习环境分析，也可以简单概括为学习情景分析。随着混合式教学的流行，各种形式多样的课件、教学方法层出不穷，也广受师生的欢迎。但是教学是一门科学，特别是OBE（成果导向教育）理念的普及，课堂教学进行科学完善的规划就显得非常必要。在教学设计中进行前端分析也成为一个好的教学设计的基础。

分析（analysis），是学习者分析、教学目标分析、教学内容分析、使用工具分析、学习环境分析等。学习者分析包括需求分析和社会期望。进行学习需求分析的一个重要目标就是要明确学习者的学习目标，进而确定教学的内容，设计教学的策略。要确定学习者的需求，确定学习者目前水平和期望水平之间的差距，也就是确定最近发展区。当然还需要考虑社会的期望值，在高校就表现为人才培养方案确定的培养目标。以数字电子技术课程为例，需要分析学习者的年龄，刚进大学和大三、大四的学生肯定不一样；分析学习动机，有些学生不喜欢电路设计，喜欢软件开发，甚至喜欢教育学，选择电子信息科学与技术专业是调剂的，本身不是很喜欢，而有些学生却非常喜欢这个专业。很多学生对电子产品很熟悉，但是一些思想观念和初高中的学习环境及教学方式还是受传统的教学模式影响，在考虑一些交流环节的时候需要把这些因素考虑进去。同时，学校的地方应用型大学定位、专业的目标定位和学校的教学设施等都需要考虑。另外，还需要考虑学生的基础能力分析，包括具备的先修知识、要学习的知识和师生间的情感交流等。

2. 课前阶段

课前阶段包括设计和开发。要求教师在进行课程设计的时候完成教学设计，当然这个教学设计包括课程教学大纲的制定、教学活动的设计和教学反馈的设计等。混合式教学的一个重要的环节就是二次备课。这就需要对学生的课前学习情况进行一次测验。在这之前，肯定是安排学生进行自学。教师需要设计良好的自主学习任务表，根据前端分析，自主学习任务单的内容不能过难，但是也需要满足课堂教学的需要。教师将设计制作的自主学习任务表和以微视频为核心的课程资源上传到学习平台。自主学习任务表可分为三个部分：① 学习指导部分，可以为学生提供有关课程和教学的相关信息，如本部分的教学目标、重点和难点及学习方法的建议。② 具体任务明确要求学生通过观看微视频和运用相关支持资源，完成与教学重点和难点相关的学习任务。③ 在疑惑与建议部分，学生将学习过程中遇到的疑惑提交到学习平台，以便教师在课前掌握学生的自主学习状态，了解学生的问题，从而在课堂教学过程中进行有针对性的指导。

总之，课前阶段是指学生利用在线学习平台上的相关资源，根据自主学习任务表中的相关内容进行自主学习，完成教师设定的任务，并将自主学习过程中遇到的困惑和相关建议提交到学习平台，形成课前自主学习反馈。教师利用平台提供的讨论区、聊天室、QQ群、微信群等网络沟通工具，与学生进行同步、异步沟通和反馈，并进行有针对性的个性化指导。

3. 课中阶段

课中阶段开始时，教师可以根据学生完成任务过程中存在的常见问题，通过集中教学或组织讨论的方式进行解答。网络平台无法完成的个性化引导也可以在课堂上面对面完成。在典型的任务探究阶段，学生可以根据不同的探究问题，通过自主探究或合作学习的方式开展研究性学习活动。

当然，在引导学生进行自主探究的过程中，教师不仅要尊重学生的独立性，让他们在自主探究的过程中构建自己的知识体系，还要确保他们能够帮助学生在有限的时间内取得更大的学习效益。在指导合作学习活动时，教师不仅要在知识和技能上给予学生支持和帮助，还要综合运用头脑风暴、世界咖啡馆等活动组织形式，调动学生的积极性和主动性。同时，教师要对学生的合作学习活动进行方法论指导，并提供相应的决策支持服务，确保合作学习活动的顺利开展。

在完成自主探究或合作学习活动后，学生将进入课堂上的成果展示和交流阶段。在此过程中，学生可以通过作品展示、限时演讲、辩论等形式展示研究性学习成果，分享学习经验。在这个过程中，教师不仅要评价和引导学生的学习，引导学生总结知识和技能的收获，还要引导学生反思和总结自己的学习过程、学习态度、学习方法等，并进行自我评价，建立自我意识。

4. 课后阶段

课后阶段是一个巩固和提高的阶段。如何进行巩固和提高，需要根据学生反馈的学习情况来制定策略。特别是涉及课程思政教学这类的素养型教学活动，如何制定评价标准进行教学效果评价直接关系到学生学习效果的巩固和能力的提高。这些反馈评价要兼顾过程性评价和终结性评价于一体。包括学生的自主学习能力体现（如观看视频的时间、频率），课中的展示和交流活动中的表现，学生根据教师和同学的建议进行的反思与总结，课后针对课堂中呈现出的问题进行的拓展与传播，等等。教师一方面可以将其作为过程性学习评价的重要组成部分，另一方面也可以将其转化为可重用、可再生的学习文化资源和教育改革资源，以促使教育系统进入一个螺旋式上升的“超循环”和自组织系统。

（二）BOPPPS教学设计模型

BOPPPS教学设计模型是一种较为流行的混合式教学设计模型。该模型由加拿大英属哥伦比亚大学（University of British Columbia，UBC）的道格拉斯·克尔（Douglas Kerr）于1978年提出。和ADDIE教学设计模型一样，BOPPPS教学设计模型也是英文字母的首字母合写。BOPPPS教学设计模型名字中的六个字母是六个英文词语的首字母，这六个词语分别代表课堂教学过程的六个阶段（元素）：bridge-in（导言），objective/outcome（学习目标），pre-assessment（前测），participatory learning（参与式学习），post-assessment（后测），summary（总结）。

根据美国教育学家埃德加·戴尔（Edgar Dale）的学习金字塔理论（cone of learning）（见图2-7），不同的课堂组织方法使得学生所取得的学习效果也不相同。具体为，用耳朵听讲，两周后知识只保留5%；仅阅读，两周后知识保留10%；视听结合，两周后知识保留20%；用演示的办法，两周后知识保留30%；分组讨论法，两周后知识保留50%；练习操作实践，两周后知识保留75%；向别人讲授，相互教，快速使用，两周后知识保留高达90%。相较于ADDIE教学设计模型，BOPPPS教学设计模型更加突出强调学生的主动学习能力，强化学生学习的中心地位，而教师作为引导者，设计各种活动将学生“带入”课堂。可以说，BOPPPS教学设计模型几乎是为混合式教学设计而提出的。在ADDIE教学设计模型中，更多的是一种闭环教学系统，其反馈的作用没有突出显示，但是突出了课前分析和课后的评价。

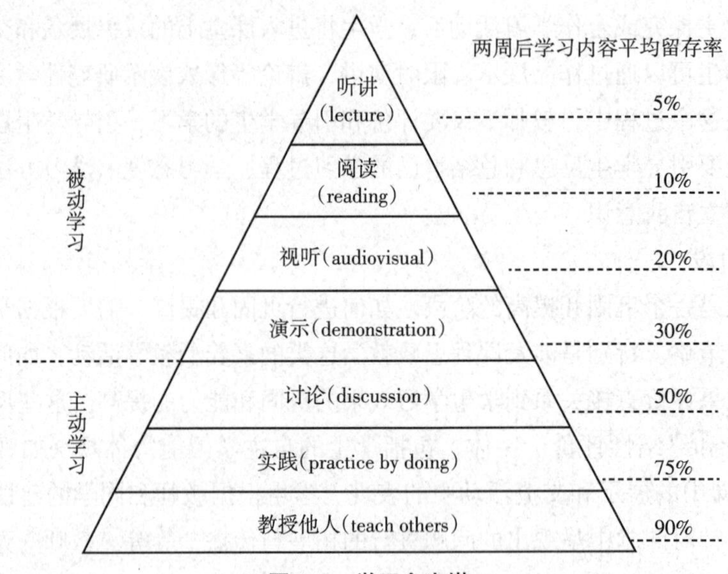

图2-7 学习金字塔

BOPPPS教学设计模型的六个部分，主要是关注课堂教学部分。

（1）导言（bridge-in，B），这部分是吸引学生进入课堂的第一步，需要教师设计一个话题引入课程的主要内容，构建情景。例如，引入的话题最好是一些时事热点或者本地故事，更能引起学生的共鸣。学生也会进行对比，看看教师对待这些事迹的看法。

（2）学习目标（objective/outcome，O），教师需要明确告知学生学习目标，这有利于学生在学习过程中明确此次学习可以完成哪些内容，能够理解、记忆、操作、评价或者创作。此部分内容就是明确who（学习者、学生）、what（完成什么任务）、why（为什么这么做）和how（怎么做）的问题。

（3）前测（pre-assessment，P），这是一个帮助教师了解学情的环节，教师可以根据学情灵活调整教学活动。

（4）参与式学习（participatory learning，P），这个阶段教师将组织学生进行参与式学习，这是一个思考—分组—分享（think-pair-share）的过程，包括：小组研讨、辩论赛、模拟训练、PBL等多种模式的参与式教学活动。这个时候，教师的“导演”作用才能发挥出来了，给学生以目标，让学生尽情地“表演”。这个阶段不要忘记安排学生的反思活动，从而不断地升华成长。

（5）后测（post-assessment，P），完成课堂教学后需要对学生的学习效果进行评价性测试。这个测试主要帮助学生对所学习的知识点进行巩固和提升，可以提供一些开放性的课题，也可以设置难度稍微低点的测试题分给学生用以测试。若有不完善之处，学生还可以在后期的教学总结中继续与老师保持互动。

（6）总结（summary，S），课堂总结是课堂中比较重要的环节，起到画龙点睛的作用。教师需要在这个环节将学生的“心”收回来，尽力避免讲偏。教师对课程教学内容进行摘要回顾和知识点梳理（教师或学生简短复述重点大意），可以布置延伸思考、家庭作业、创建个人行动计划和后续课程预告等，直至顺利完成本堂课的教学目标。总结的时候，教师不能添加新的内容。

显然作为一堂完整的混合式教学课，仅仅是课堂教学是远远不够的。因此，BOPPPS模型的课堂教学设计不能拘泥于以上形式，而应该根据教学目标和教学内容对BOPPPS模型中的元素进行调整，例如，加入课前分析和课后评价，形成反馈机制，螺旋式地改进课堂教学，还可以再将前测、参与式学习和后测部分进行有机组合，从而取得最佳的教学效果。图2-8是改进的BOPPPS教学设计模型，在这个教学模型中，增加了前面提到的两个方面的内容。

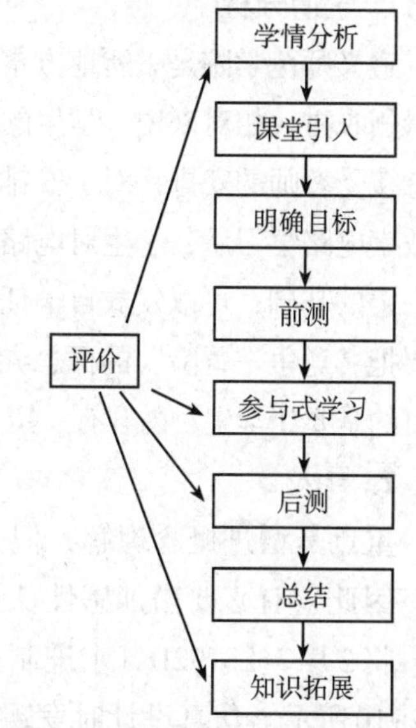

图2-8　改进的BOPPPS教学设计模型

在教学设计方面还需要顾及学生的课堂注意力。研究结果表明，教师和学生在课堂的注意力是不一样的。如图2-9所示，教师是授课，在前三分之二时间里具有较高的注意力。但是学生却不一样，在一节课的时间里，只有两个注意力高峰。因此，在进行教学内容安排的时候，需要分成两个主要的部分，以便在学生的注意力高峰区完成教学。一般来说，在前15分钟左右和后15分钟左右是学生的两个注意力高峰区，需要重点关注。

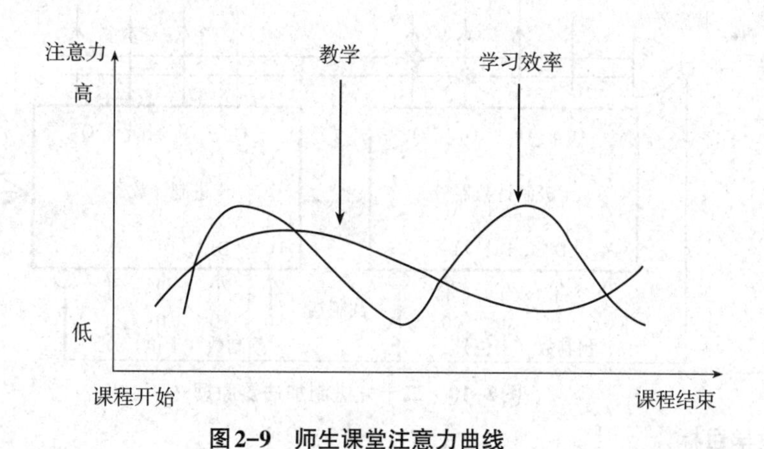

图2-9　师生课堂注意力曲线

三、课堂教学混合式教学设计

结合BOPPPS教学设计模型和ADDIE教学设计模型，以及得到的改进型BOPPPS教学设计模型，设计了混合式教学设计方案。下面以数字电子技术课程中“组合逻辑电路中的竞争—冒险现象”为例，具体阐述BOPPPS 模型教学方法在电子信息类专业核心基础课程设计中的应用，旨在探索一种以师生、生生互动为主要组织方式的新型课堂教学结构，从而促进“课堂教学”向“课堂学习”的转变。

1. 学情分析

遵义师范学院是一所地方本科院校，专业定位于应用型本科专业，班级中的学生多来自贵州农村。相对来说，学生的学习基础较差，自学能力和自制力也较弱。但是学生比较愿意接受教师的安排，对于安排好的简单任务有较好的执行力，这是一个优点。通过前面的数字电路学习后，学生对电路设计有一定的了解，此时讲授“竞争—冒险”的概念便有了一定的基础，可以发放自学任务书，安排学生自学。此时，针对本教学班，没有要求一定要把“竞争—冒险”的概念弄清楚，其实让学生对知识点完全掌握也有点困难，所以核心目的是要让学生对内容有一定了解，让大部分学生在上课的时候对内容没有陌生感。

2. 导入

重点是增进概念理解，但是开始时学生对“竞争—冒险”概念的感觉是晦涩抽象的。因此，有必要增加感性认识。首先从引导学生熟悉计数器出发。展示一个实验视频，将2片74LS192D（十进制可逆计数器）级联，组成二十九进制的加法计数器，如图2-10所示。仿真设计时发现用Multisim仿真不能通过，但是用EWB却没有问题，此时，向学生提问为什么会发生这种情况呢？学生一般来说不会很清楚，这就为“竞争—冒险”知识点的讲解埋下了伏笔。加上学生已经通过自学任务书进行了自学，心中的疑惑得不到解决，肯定有点难受。这时，深入讲解“竞争—冒险”概念的时机便成熟了。

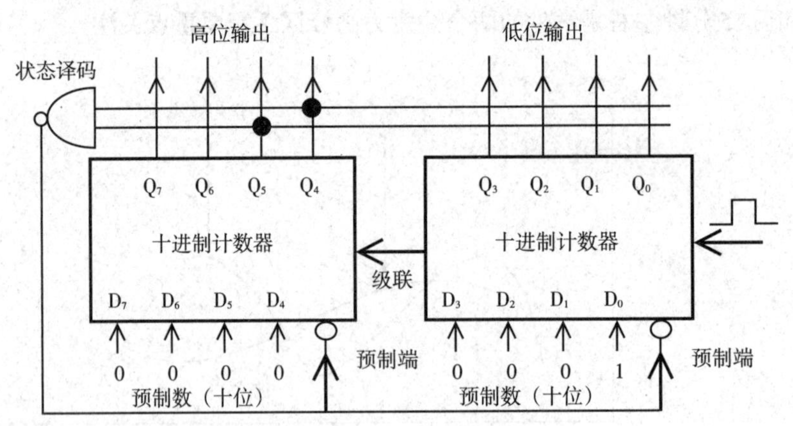

图2-10　二十九进制加法器原理

3. 教学目标

在导言之后，设定目标。它既是学生的学习目标，也是教师的教学目标。教师应结合学生实际情况和教学要求，以“对象、行为、条件、标准”四要素构建课程目标，客观反映所能达到的认知水平、技能表现和情感态度等。相对来说，课堂的教学目标分为三个方面：知识，技能，情感、态度和价值观。知识目标，主要是掌握“竞争—冒险”概念。技能就是要掌握判断的方法和避免的方法。情感、态度和价值观则是要求培养学生理论与实践相结合解决复杂工程问题的能力，属于课程思政方面的内容。

4. 前测

前测的目的是适当调整课堂教学任务，突出教学重点，从而更加有效地进行教学。首先，回顾简单的组合逻辑电路，如图2–11所示。此电路中，当$A=B=1$时，会出现$L=C+C=1$的现象。通过课堂提问方法进行摸底：① 为了保证逻辑的正确，C和C需要满足怎样的关系？② 当信号发生延迟时，会出现怎样的问题？通过上述提问摸清学生对本节知识点的基础知识和前面课程知识的掌握情况及课前预习情况等，有助于教师协调课堂教学内容的深度和进度。

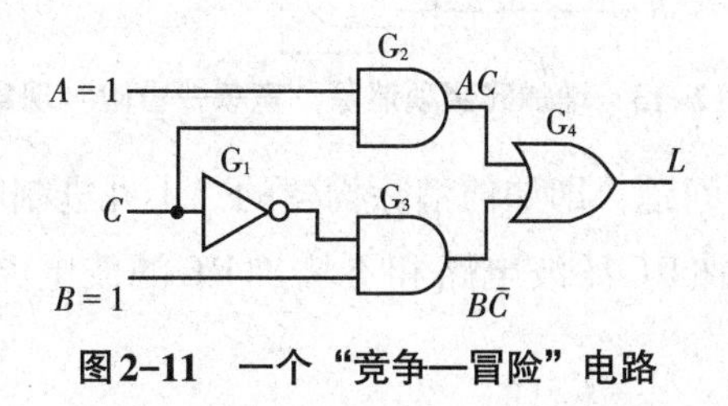

图2–11　一个“竞争—冒险”电路

5. 参与式学习

这部分是BOPPPS模型学习的主体，也是课堂教学的关键。目的是激发学生的学习主动性，让学生主动参与到课堂教学中，改变以往被动接受的学习方式，体现“以学生为中心”的理念。在课堂教学实施过程中，突出问题驱动教学、研究式教学和案例式教学等新型教学方式。

首先，和学生一起总结“竞争—冒险”问题产生的原因——主要是同一时刻多个信号高低变化时由于延时导致出现脉冲波，而这个脉冲波可能会导致电路清零、置数等影响电路功能的问题。和学生一起分析判断“竞争—冒险”现象，主要是判断是否存在$F=C+C$或者$F=C\cdot C$的表达式。但是这种方式比较考验技巧，可以进行卡诺图表示，若存在相邻项却没有圈起来，如图2–12所示，则存在“竞争—冒险”问题。

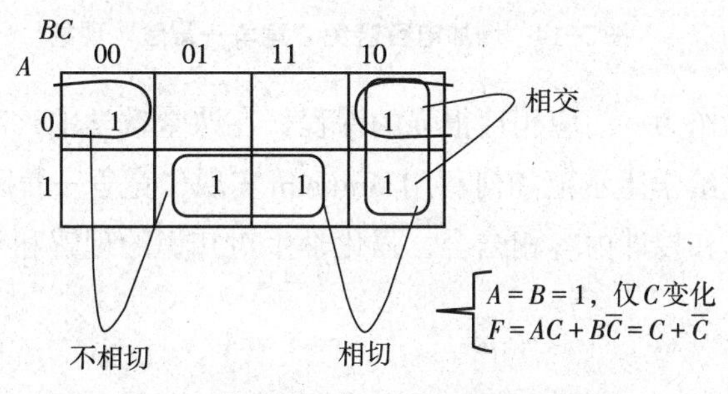

图2–12　卡诺图判断“竞争—冒险”现象

消除“竞争—冒险”现象的途径。① 加滤波电容，消除毛刺的影响；② 加选通信号，或者构建时序电路，避开毛刺，这在FPGA中比较常见；③ 增加冗余项，消除逻辑冒险；④ 利用D触发器构建防抖动电路，留待学生探讨同步时序电路的重要性。

其次，分别从经济和安全的角度阐述电路设计的市场需求，引导学生深入思考“竞争—冒险”问题，或者说如何深层次看待“竞争—冒险”问题。如图2-13所示，增加冗余项，消除逻辑冒险，但是增加了器件，增加了成本，如何看待这个问题？

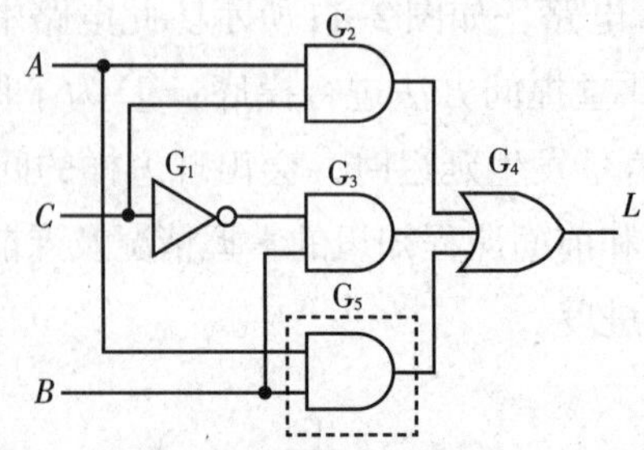

图2-13　增加冗余项消除“竞争—冒险”现象

最后，回到开始那个问题，即如何消除构建的二十九进制电路中“竞争—冒险”问题。如图2-14所示，增加RC滤波电路和不增加RC滤波电路仿真结果的比较，分析原因。

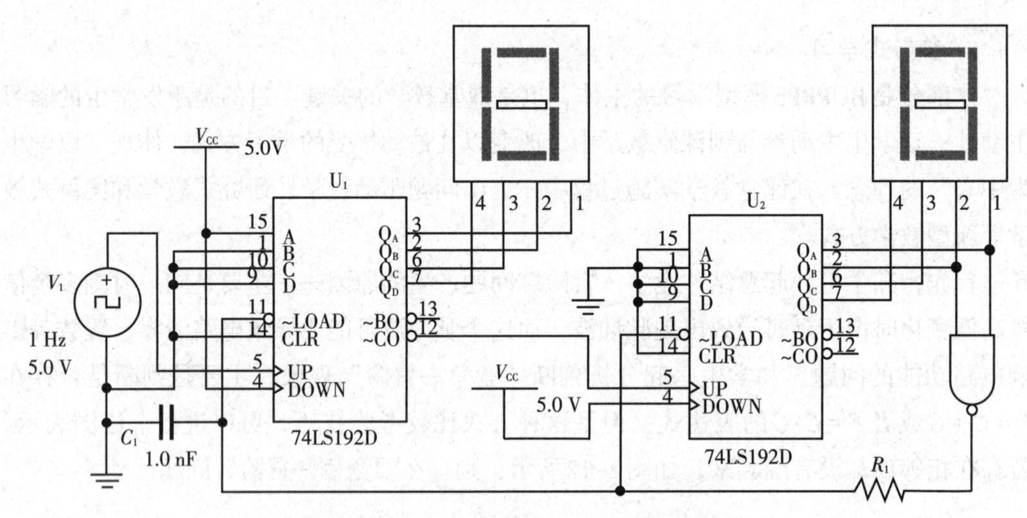

图2-14　增加电容避免“竞争—冒险”现象①

数字电子技术作为一门应用性很强的课程，在课堂教学中，需要加强学生实践能力的训练。在课堂上给学生示范如何利用Multisim实现“竞争—冒险”现象的消除，如上所述。将软件仿真和授课内容相结合，强化学生对知识的理解和掌握，培养学生解决实际问题的能力。

6. 后测

以“知行合一，学以致用”的教学理念为指导，理论与实践并重，课后引入项目式作业任务，以翻转课堂形式实现后测。让学生了解“竞争—冒险”现象不仅在数字逻辑电路（分立器件）中比较常见，在FPGA等电路中也需要多加考虑，在这里举例FPGA

①注：电路原理图中，电源和地经常忽略，不画出。所以，图中没有8和16引脚。

中“竞争—冒险”现象的消除用法。通过这些活动，让学生成为学习活动的主体，教师成为“导演”，引导学生完成教学活动并进一步加强对知识点的理解与学习。

7. 总结

在总结阶段，教师以思维导图方式总结课堂内容，构建课堂知识脉络，帮助学生记忆。首先，总结“竞争—冒险”现象判断的方法和消除的途径。然后，通过工程应用案例，引导学生利用所学知识解决实际工程问题。数字逻辑电路，特别是现代高速的数字逻辑电路，主流是同步方式，异步方式的电路由于速度慢、易出现“竞争—冒险”而较少采用。组合逻辑电路和时序逻辑电路都会出现“竞争—冒险”现象，在组合逻辑电路中“竞争—冒险”引起的短时尖峰脉冲不影响其稳态输出，因而危害性并不明显，而同样的尖峰脉冲在时序逻辑电路中则可能被触发器接收造成误翻转，进而完全改变时序电路的进程，故需特别小心。传统的电路设计方式，在实际电路搭建出来之前均无法获得精确的延时特性，处理“竞争—冒险”等问题显得十分困难，而现代电子设计由于采用EDA技术，可以在设计的不同阶段进行全面精准的测试与仿真，特别是包含了具体芯片特性参数的时序仿真可以得到精准的硬件延迟信息，为分析及处理“竞争—冒险”等问题提供极为便利的条件。总结也可以融入互动提问，引导学生分享所学知识、收获与体会，进而检验课堂教学效果。

随后教师要求学生：① 在超星学习通网络教学平台的数字电子技术课程网站上完成单元测试题并参与讨论；② 完成作业题，并编写VHDL程序，实现一个计数器并采用多种方法消除“竞争—冒险”现象。借助在线学习资源丰富、交互便捷的优势，既发挥了教师引导、启发、监控教学过程的主导作用，又体现了学生作为学习过程主体的主动性、积极性与创造性。

第三节　混合式教学学习分析

数据分析技术与教学相结合，开展相关教学评价的研究已经越来越多。有学者提出了基于大数据的高校教学质量评价体系应该以“以学生为中心”和“以数据为依托”作为高校教学质量评价的价值引领和技术支持。作为一门课程，还谈不上大数据，但是其理念和方法是可以借鉴的。混合式教学的数据分析其实可以归结为学习分析，而学习分析往往与大数据相关联。现在很多学者将学习分析和大数据挂钩，将“学习分析”的概念泛化。笔者不能完全同意这种看法。熟悉教学设计的师生肯定了解，在进行教学设计的时候，先要进行学情分析、教材分析等，教学结束后需要撰写教学反思。要完成这些工作肯定需要进行学习分析。当然，基于大数据的学习分析和传统的学习分析是有差异的。

教师采用学习平台对学生学习情况进行分析，从而进一步完善教学设计，要遵循以下几条主要原则：

（1）客观原则。分析的目的是更好地完善教学设计，提高课堂教学效果。因此，进行分析的时候需要尊重客观事实，采用实证主义研究范式，不主观臆断，确保分析结果的准确性和科学性。

（2）全面性原则。这个原则就是对学习者的分析要多视角、多层面和全过程。

（3）实时性原则。混合式教学通过在课上安排测试，根据测试结果分析学生的学习状况，随时调整教学策略，以便及时、高效地解决教学中出现的问题。

（4）互证原则。这个原则就是要确保分析结果的科学性。为确保分析结果的科学性，需要不同视角、不同时间段和不同分析方法的分析结果能够互相佐证、互相补充。

经常可以看到部分文献并没有详述如何得到的分析结果，这也导致该教学模式的迁移性太差。关于混合式教学效果分析的文献很多，有的进行课程实施前后的成绩、能力对比，有的进行调查问卷分析，借助SPSS等软件得出教学效果结论。这些分析过程和结论对提高混合式教学效果具有很好的借鉴作用。

和许多研究者的看法类似，二次备课的侧重点主要有以下几个方面：

（1）备教学中的得与失。记录教学方法的成功改革和创新，以供今后的教学参考。即使是成功的课堂教学也不可避免地会有疏漏和错误。回顾、梳理和分析这些“失败”，吸取教训，重新设计，可以在今后的教学中得到改进和提高。

（2）备教学中闪现的瞬间灵感。在课堂教学中，经常会有因一些偶然事件而产生灵感的瞬间。如果不及时捕捉到这些“智慧火花”，那么它们就会改变并消失。

（3）备学生的独特见解和发现。每名学生都有自己的想法和思维方式，他们在生活中会有独特的见解和发现。因此，在课堂教学中记录和利用学生的原始意见和发现，是对教学的补充和改进，可以拓宽教师的教学思路。

（4）备学生的疑惑。这可以促进教师寻找和探索更好的方法和途径。学生经常会遇到一些不同的问题和困惑，教师要对学生的问题和困惑有所思考。如果教师每天只上课，没有反思和总结，那么很难提高。因此，写一篇好的课后反思是教师课后必须做的事。每堂课结束后，可以记录成功、错误和灵感，并进行自我反思和自我完善。

在这里，针对二次备课时如何利用学习者的分析数据进行简单举例。案例依然是“竞争—冒险”知识点。根据BOPPPS教学设计模型，需要有一个评价反思。

1. 学情分析

由于是本专业的学生，平时也和本系的教师交流较多，因此对他们还是较为了解。从课后的反馈来看，和课前分析的差距不是很大。但是，课后根据超星学习通的平台数据发现，大约五分之一的学生课前没有看微课视频，而根据讨论和课堂发言及学生座位的位置来看，这些同学不爱发言，喜欢坐在后排，而且时不时偷偷看手机。和课前的分析相比，就会知道哪些学生没有掌握“竞争—冒险”知识点。同时，发现这一方面对学生来说还是个难点，虽然知识点不多，但是比较晦涩难懂，是数字电子技术课程的一个难点。

2. 知识点掌握

通过课中及课后的小组合作讨论学习来看，有不少同学对“竞争—冒险”的判断依然不太清晰。从授课内容安排看，教材把它放在前面，但是很多“竞争—冒险”的应用及潜在危害一般在后面。学生在学习了较多的基本电路设计后才能设计电路并体会“竞争—冒险”的潜在危害。之后的课堂讲解中运用了时序逻辑电路，但是学生没有自己动手去做，体会不够深。

3. 过程设计

从课程设计来看，总体设计感觉还可以，但是内容选取有待改进。选用计数器，虽然仿真的时候容易出现象，但是，学生还没有学到这个环节。此时不难发现，小组合作的效果不太明显。主要是对自己课堂的掌控能力还有待提升。同时还发现，在混合式教学的过程中需要进一步加强过程管理。部分学生没有课前学习的习惯，导致在小组学习的时候，参与积极性不高。根据之前的经验，可以尝试实时公布平时学习成绩，进一步加强过程考核。

最后得到一点反思结论：不论一个教学模式有多好，都需要教师去执行，需要教师加强对教学艺术的掌握。

第三章　混合式教学模式下数字电子技术课程思政的教学策略

大数据技术的蓬勃兴起促使混合式教学孕育而生，混合式教学将线上和线下教学有机结合，有效激发了学生的学习积极性。许多教学工作者积极探索在混合式教学中实施课程思政的教学方法，也直接使混合式教学模式下如何实施课程思政教学成为研究热点。混合式教学模式整合了信息技术和传统的面对面课堂教学，重点关注数据分析对教学的促进作用。课程思政是“大思政”格局的重要组成部分，是一种新型的课程观和教学理念，具有思想引领作用，因此在混合式教学模式下开展课程思政教学顺应了时代要求。教学评价是促进教学提升的重要环节，是保障立德树人教学目标实现的重要手段。混合式教学借助网络教学平台，可以有效地对学生的学习状况进行定量分析，了解课程思政教学中的不足之处，分析后开展二次备课，进而开展有针对性的教学。

混合式教学可以拓展课程的时空观和教学资源，提升课程建设质量，为课程思政建设提供更好的承载平台，达到“以教师为关键、以学生为效果”的目的。

教师开展课程思政教学的关键是掌握“挖掘与整合”课程思想政治教育基本技能，围绕“培养什么人、怎样培养人、为谁培养人”这一根本问题，落实立德树人根本任务，更好地提高探索课程思政教学的能力，掌握将思想政治要素融入第二课堂和专业课程的方法。

课程思政教学和其他的课程知识的教学任务一样，教师希望能达到教学目标或课程考核要求。在近二十年的高校教学生涯中，笔者不止一次地和同事讨论过一个问题：教学内容和考核标准如何确定？是否应根据自己对行业的认识制定课程教学目标？笔者在一次教学会议上和几位同事一起探讨计算机科学与技术二学位的教学问题时，主管教学的副院长提出一个问题：许多非计算机专业学生在选择计算机科学与技术二学位后逐渐放弃，就读人数越来越少，学生反映课程太难、学不懂，大家怎么看？当时很多同事的第一反应就是学生的基础太差，不适合学习计算机专业，如果降低教学内容的难度，那就不是计算机科学与技术专业了。后来，又有同事提出在专业课程教学时，如果不加大课程授课的难度，那么学生毕业以后将不具备从事相关工作的能力。在这个问题上，笔者经常思考如何制定课程教学难度，也常常反思高校进行专业教学的目的是什么。是为了筛选出不适合学习某专业的学生？还是为了帮助学生获得一定的专业知识？很多时候，学生的学习基础很难在短时间改变，不同院校不同专业的学生对相同知识点往往有不同的理解，特别是普通地方院校的学生往往达不到一些教师的心理预期，这些教师往往很难立即适应这种落差。因此，教师应因材施教，尽可能地帮助学生掌握一定的专业知识。基于这种情况，笔者的心态也变得更加平和，不再纠结学生能不能达到社会或自己的预期，而是专注于在笔者的课程里学生能有多少收获，专注于专业课程教学与学校定位、人才培养方案之间的契合度。

本章笔者结合在数字电子技术课程教学改革中实施的一些方法和经验，希望为读者进行课程思政教学时提供一些经验帮助。

第一节　数字电子技术课程思政教学策略

一、课程思政教学的基本策略

有教师认为评价课程思政教学有效性的三大标志是情感认同、价值认同、行为倾向。但是，笔者认为评价课程思政教学是否有效至少还需要加上师生满意度等体验感的评价。要实现这些教学目标，需要在细节操作上更加用心，讲究策略。总体上来说，课程思政教学可以通过以下策略提高教学效果。

（一）转变观念，重视顶层设计

课程思政教学作为教学的一部分，其教学策略和普通的教学没有太大区别，但也有其特殊性。其作为教学的一部分，不可避免地要关注整体效能的发挥，不能为了思政而思政，更不能为了一门课程的展示度和教学效果而拖累整个人才培养方案的实施效果。因此，在进行课程思政教学的过程中首先要做好顶层设计，而做好顶层设计首要的是要转变教育观念。做好课程思政教学的关键在于教师，教师应尽快适应思政教育理念转换，将专业的核心思想价值观融入教学全过程。首先，高校需要建立一个系统的观念，将学生培养的成效放在第一位，建立专任教师、辅导员、班主任协同育人机制。教师要成为传道授业解惑者，自身也需要具备较高的思政素养和思政能力。作为课程思政的引导者，专任教师需要主动转变理念，转变专业课只讲授专业知识的惯性思维，积极探索各门课程的隐性思政资源，将思政教育的人文价值融入专业化知识传授中，引导学生智育与德育同向同行。同时高校辅导员应协同专业课教师有针对性地完成整体育人培养。例如，遵义师范学院虽然是一所普通的地方本科院校，但是地处遵义，是一所具有革命精神的百年老校。所以，传承红色基因、讲好遵义故事，在教学过程中将长征精神和地方文化特色（如三线建设文化）、电子设计的理念和内涵与思政教育的价值内核进行有机结合，可能会发生某些化学反应。以往的教学实践证明，进行校本化的课程思政教学具有旺盛的生命力，原因在于校本化的课程思政有利于树立学校品牌、打造学校特色，有利于与学生产生共鸣，提高学习积极性，也有利于消除课程思政融入电子信息专业的违和感。所以，地方院校的课程思政建设可以彰显地方特色，应在教育主体的理念转变过程中将地方特色充分挖掘，同时发掘学科交叉点。然后，高校需要建立“认同—激励—引导”的协同育人方式，打破传统的思政课堂育人方式。传统的思政课堂一般是学生人数较多的大课堂，思政教师常常有“满堂灌”现象，很少关注学生的反应，或者说没有那么多时间去关注。教师和学生都不太重视这些课程，稍微好一点的教师是讲授一些好故事，学生听得比较有“味道”，至于育人效果如何则无人关心。因此，课程思政教学的过程中需要如盐在水、春风化雨，让学生随时沉浸在课程思政的环境中。利用实践学科和第二课堂引导学生践行社会主义核心价值观，从而达到立德树人的教育总目标。

在课程思政建设上，无论是课程建设还是学科建设都需要做好顶层设计。在设计人才培养的总方案时需要将课程思政教学评估纳入人才培养目标，打破跨学科思维的壁垒设置，将思想政治教育融入专业培养的全过程，成为实现育人目标的主要推手。在学科定位层面，课程思想政治教育应打破学科的边缘性和独立性，回归其固有的实践性和科学性指导作用。课程思政是育人的工作，具有和专业知识相辅相成的作用，但边缘性和独立性会导致课程思政建设与现实脱节，难以实现人才培养这一高校的核心功能。2018年，教育部倡导坚持“以人为本”，推进“四个回归”，加快高水平本科教育建设，全面提升人才培养能力。总的来说，高校教师要“修身育人”，为国家和人民培养有用的人才，培养一代又一代拥护中国共产党领导和中国社会主义制度，立志为中国特色社会主义事业奋斗终身的有用人才。课程思政建设要提高到应有的高度，实现与专业学科理论相结合的目标。在学科内容层面，课程思政需要实现将专业学科、公共学科、普通学科等学科从理论体系转变为应用体系，树立“学科思想政治”的教育理念。在基础理论的渗透上，应更倾向于思想政治教育的实际应用。在具体的实施上，强化专业的学科思政功能，在知识转移过程中发挥课程思政的实践属性。重点运用如盐在水的沉浸式教育方式，用通俗的语言整合思政元素与学科知识点，通过渐进式的思维导入，实现与思想政治教育的无缝衔接。

（二）春风化雨，重视教学技巧

长久以来，思政教育都是由显性教育完成的，即由思政系列课程完成。课程思政在思政教育中没有得到应有的重视。虽然现在课程思政教学得到蓬勃发展，但是很多教师对此还是理解不深。经常能发现，很多教师即使进行课程思政教学，也是属于完成任务型，出现思政和课程“两张皮”的状况。东北大学在课程思政建设中打造了一种BEACON模式。该模式探索了一种课程育人的途径，将知识传授、能力培养和价值塑造有机融合。重要的是，该模式在东北大学推广后，被证明其具有可复制性。所谓BEACON模式，就是以拓展（broaden）、挖掘（excavate）、关联（associate）、架构（construct）、优化（optimize）、涵育（nourish）六个前后衔接的环节为核心内容的教学模式。有了模式还需要加入一些教学技巧，才能更好地发挥课程思政的教学效果。

通过对一些网络文献的分析，课程思政教学的技巧可以归纳总结为以下几点。

（1）设计情景、场域熏陶。

教学是一种从抽象到具体的过程，情景创设可以帮助学生增加感性认识。有研究者认为，情景创设这种课程思政教学方法不像往专业课之“菜”中加思政元素之“盐”，更像吃涮锅——把专业课之“菜”放进不同口味的思政之“锅”里煮一煮、涮一涮。确实，情景创设更能让学生感受到课程思政的意义。例如，笔者在课程思政教学中讲述三线建设的时候，由于生活水平的提高和科学技术的发展或者时代的隔离（特别是现在的学生以独生子女居多，很少经历生活苦难），大多数学生很难体会过去发生的一些事情，很难学习事件中的精神，如革命奉献精神、艰苦奋斗精神等。因而，在进行课程思政教学时需要引导学生去实践，如参观三线建设博物馆，体验红色文化，学生的积极性和体验感会更好。

（2）做中体验、触动情感。

“读万卷书、行万里路”以及王阳明先生“知行合一”的理念告诉我们，知而不行永远无法在历练中成长。在进行数字电子技术课程思政教学时，笔者为了实现“遵守电子工程师职业道德和职业规范”这一课程思政目标，要求学生做实验或者参加大学创新创业训练项目。在课程实践环节，要求按照完成项目的形式进行。学生在项目实践中探究实际的工程项目有什么样的要求，工程道德对电子工程师有什么样的约束。

（3）树立榜样、观察学习。

榜样的力量是无穷的。很多时候，教师的苦口婆心，还不如同学间的一句话。树立榜样是为了让学生崇拜英雄、提升境界。例如，广西警官学校进一步落实教育部、自治区教育厅要求，丰富思政课内容，打造大思政教育的一次实践教学活动。潘才富同学2016年从该校毕业后，曾在南宁市公安局江南分局担任协警。2017年9月，他积极响应国家号召，应征入伍，成为武警贵州省总队的一名战士，2019年，他经过层层选拔，从一名工程后勤专业的战士进入了武警贵州省总队机动支队的特战大队，成为一名光荣的特战队员，现在是某特战小分队副小队长。在一次交流活动中，潘才富同学从他在学校如何严格要求自己，不断提升自身各方面的能力讲起，讲到工作后严格遵守纪律，勤奋工作，入伍后又进一步从严要求自己，向“忠诚卫士”标兵和身边的先进典型看齐，不断树立新的奋斗目标，最终成为一名光荣的特战队员。同学们竖起耳朵聆听师兄的精彩讲述，还在提问环节提出自己关注的许多问题。同学们纷纷表示，这样的课堂拓展活动形式很好，让他们进一步了解了部队生活，提高了国防意识，获益匪浅。

（三）凝练特色，重视教学评价

课程思政的根本目标是立德树人，在建设的过程中注定需要考虑学生的现实需求，或者说是立德树人的需求，让学生喜欢、热爱课程思政教育，认识到课程思政在精神、实践中的重要作用。因此，高校可以结合学校的定位和实际情况，结合学生的兴趣特点、专业特点建设具有院校特色的课程思政实施方案。方案的特色需要不断凝练，教学的效果需要不断评估、反馈，建立评价指标体系，实时跟踪教学效果。更进一步，可以根据学生阶段发展建立个人档案，以目标跟踪的方式匹配学生的个性化思政需求。借助“互联网+”、大数据等信息化手段，反馈教学效果，修改课程思政教学方案，凝练课程思政教学特色，打造课程思政示范课程。课程思政评估需要贯穿人才培养过程的始终。整体评估与考核课程质量有利于推动课程质量的提升及课程思政的内涵建设，对全面提高人才培养质量发挥着重要作用。课程思政评估应以教师与学生为评价目标，建立第三方“教评分离”机制，组建课程评估团队。当然，重要的是教师需要积极配合，具有积极参与课程思政的意愿，在进行教学评估的过程中能自觉配合、客观地完成相关的调查评估。教学效果的评估需要多元考量，不仅仅是学生学习到什么，还有教师的发展等。因此，教师层面的质量评价应突破仅针对教学效果的局限性，主要着眼于教学过程的思想政治整合效应、教学环节的设置、专业能力、科研思维等内容，并在绩效考核的方式上进行综合考虑。教学评价应包括教师自我评价、学生互评和评价小组综合评价。教师应根据评价效果优化教学方案。高校应将社会服务实践模块纳入学分评价体系，引导青年教师回归社会角色定位。社会服务实践包括临床实践和社会服务。评估小组对思想政治教育的实际应用效果进行跟踪测试。

二、数字电子技术课程思政教学现状

（一）数字电子技术课程思政教学背景分析

2020年5月，教育部印发《高等学校课程思政建设指导纲要》，指出课程思政建设要在所有高校、所有学科专业全面推进，开启了课程思政在全国高校推进的新局面。2020年11月，贵州省举办了首届高校非思政课教师“课程思政”教学大比武竞赛，贵州省高校掀起了课程思政协同育人的高潮。课程思政已经成为人才培养及价值观养成的重要举措，并被大多数高校教师认可。但是，仍有部分教师不够重视，或者缺乏科学的思维，导致对课程思政的内涵理解不够。如何将社会主义核心价值体系的精髓融入课堂教学设计中，实现立德树人教育目标等依然需要继续深入探索。在当今“互联网+”和大数据的教育时代，随着工科教育的改革和人才培养模式的转变，在内涵式发展要求和“以学生为中心”理念背景下，线上线下混合式教学模式的优势得到充分的发挥。因此，专业教师在实施课程思政时可优先考虑采用信息化技术，特别是利用“互联网+”及线上线下混合式教学模式提高课程思政的教学效果。

数字电子技术课程作为电子信息类专业重要的核心基础课，必然要承担思政育人的重担，在知识传授与价值引领的人才培养中发挥核心课程的作用。如何在线上线下混合式教学模式下开展数字电子技术课程思政教学，是需要迫切解决的问题。本节采用SWOT分析法分析线上线下混合式教学模式应用于数字电子技术课程教学改革的优势、劣势，以及面对的外部机遇和风险，以便更加有力地提高课程思政的教学实效，探讨新形势下数字电子技术课程思政教学改革的有效途径。

（二）数字电子技术课程思政教学现状与分析

在遵义师范学院，数字电子技术课程群包括数字逻辑和数字电子技术两门课程，分别面向计算机科学与技术、通信工程和电子信息科学与技术专业的学生，特别是对于电子信息科学与技术专业来说是专业核心课程。在此，选择电子信息科学与技术专业的学生作为主要的问卷调查分析对象，针对数字电子技术课程思政教学中学生落实立德树人教学情况的现状进行了调查，根据学生的问卷情况进行具体问题分析，研究存在的问题和政策导向，并制定教学策略。

（1）对于课程思政的概念或理念，熟悉的学生只有5.36%，大部分学生了解或知道一点，但也有12.5%的学生不知道（图3-1）。可见，学校的课程思政教学还没有深入学生内心。很多学生对这方面的工作还是不以为意。

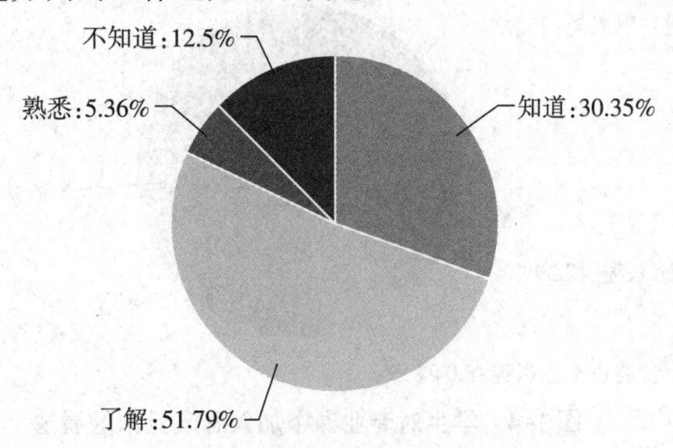

图3-1　学生对课程思政的了解程度

（2）关于“您是否能够区分‘思政课程’与‘课程思政’两个概念?”问题，高达近62%的学生不太能进行区分这两个概念（图3-2）。说明学生对这一概念接触较少，学校普及得也不够。

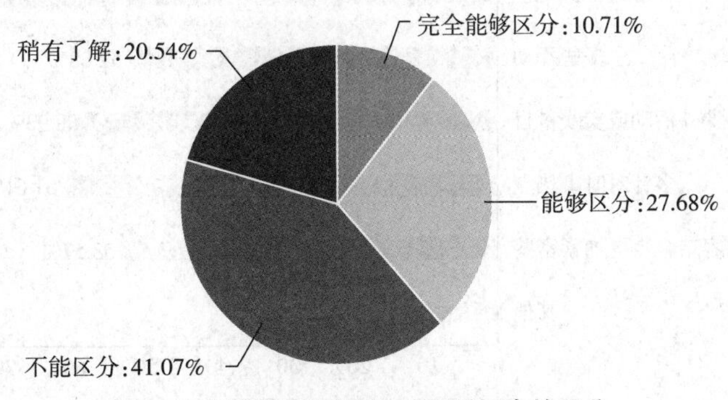

图3-2　对课程思政和思政课程概念的区分

（3）调查显示，绝大多数学生认为思政教学可以与专业课知识教学结合起来（接近95%），但是其中有接近40%的学生认为仅限于某些方面或具体问题具体分析，说明对现有的课程思政教学不是很满意，认为开展的形式和内容不是很合适（图3-3）。同时也说明，尽管没有深入理解课程思政的概念，但当今大学对于立德树人还是非常赞同的。

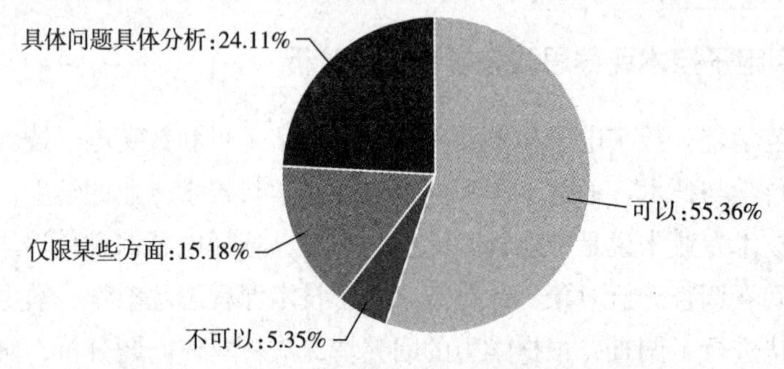

图3-3　学生对课程思政与专业课程结合的看法

（4）关于“觉得专业课教师在专业课中加入思政元素是否合适，对此是否感兴趣?”问题，少数同学持否定态度（图3-4）。这一结果和上一问题的调查结果相呼应，特别是对于认为合适但不感兴趣这部分同学，更加需要发挥课程思政如盐在水、春风化雨的作用。

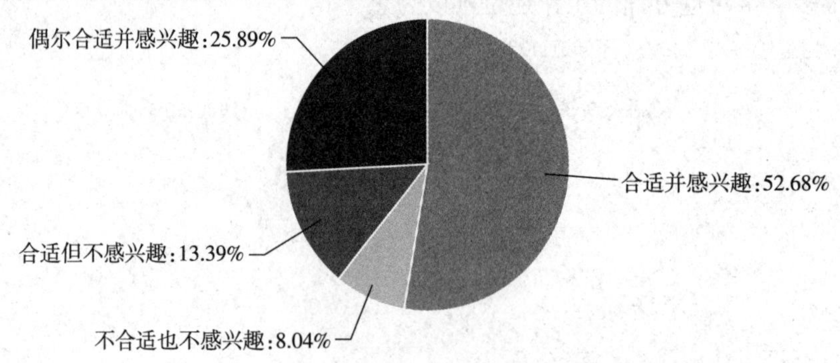

图3-4　学生对专业课中加入思政元素的看法

（5）在学生建议方面，学生认为形式需要多样化，多些互动和课外实践，多针对时事，和专业内容结合得紧密些（图3-5）。这说明现有的课程思政教学形式较为单一，或者内容枯燥，学生不是很满意。

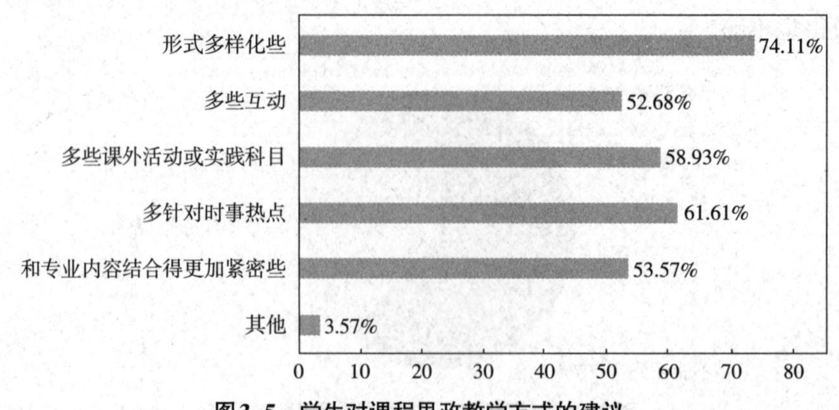

图3-5　学生对课程思政教学方式的建议

（6）关于“您觉得电子专业课教师在课程中讲授思政内容有用吗？”问题，少部分学生持否定态度，高达71.43%的学生认识到课程思政的实用性（图3-6）。这说明尽管学生对于课程思政的内涵和实施方法不是很理解，但是对课程思政教学还是认可的。

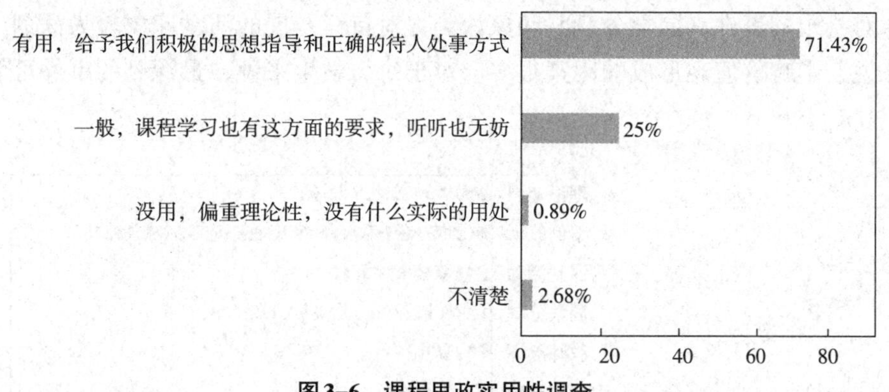

图3-6 课程思政实用性调查

（7）关于“您觉得在电子专业课程中老师采用哪种方式讲授课程思政比较好？”问题，学生普遍认为在课前或者课中开展课程思政教学，课堂结束的时候讲可能效果会不好（图3-7）。学生认为，课堂结束的时候更需要对知识进行归纳总结。

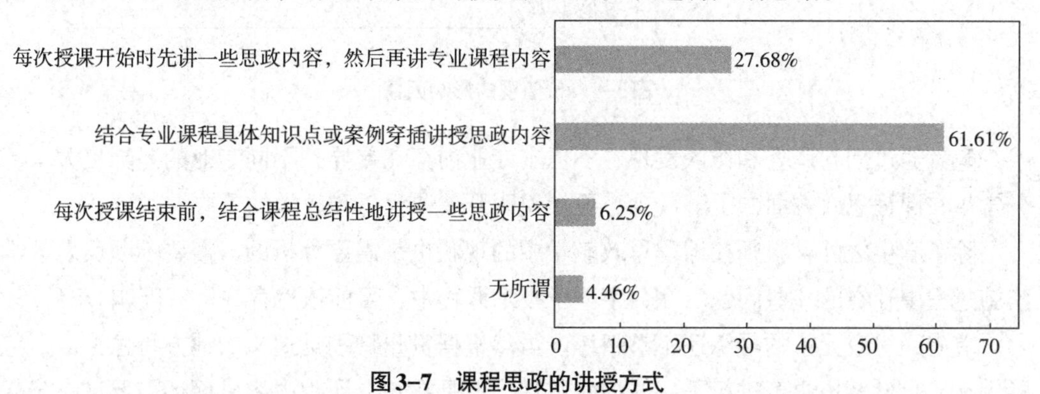

图3-7 课程思政的讲授方式

（8）学生平常接触的课程思政教学方式有传统的课程讲授、混合式教学和第二课堂等，这些接触得较多，高达60%以上。其中，高达42.86%的学生接触了游学式学习方式。但总体来说，学生接受的课程思政教育主要还是在学校（图3-8）。

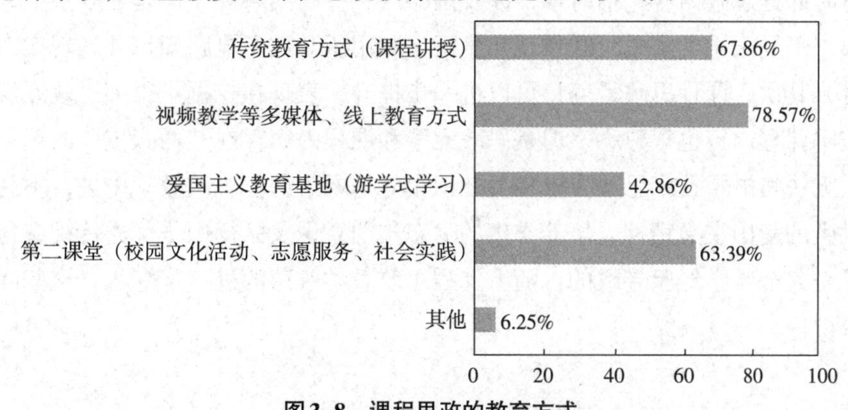

图3-8 课程思政的教育方式

（9）关于“专业课程或‘第二课堂’中的哪些内容或形式对你的价值观影响最大？”问题，案例、情景化故事等对学生的影响最大，另外，学生分享、课堂活动和理论知识对学生也有较大影响（图3-9）。这说明，大多数学生对实践类活动印象较为深刻，对身边的事件（同学分享）印象深刻，对持续开展的活动印象较为深刻。但是总体来说，影响价值观形成的因素很多。对于每名学生来说，最深刻的事件可能会不一样。

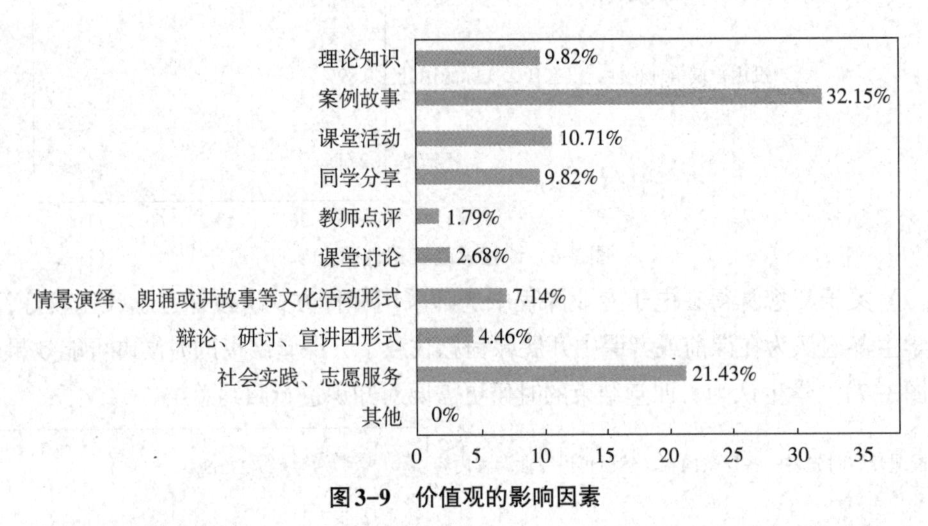

图3-9　价值观的影响因素

笔者通过问卷调查和访谈发现，不但本专业内存在差异，不同专业的差异更大，部分学生在课程思政方面的了解甚少，更加说明开展课程思政教学的重要性。

除了学生之外，教师在课程思政教学中的现状也是需要分析的，需要不断反思教学实施过程中存在的一些问题。在数字电子技术课程中，目前依然存在一些问题。

首先，思政元素的凝练还不够精练。虽然根据贵州特别是遵义的地方特色方面，包括人文、自然和历史等进行了一些搜集整理，但是在契合课程内容方面还需要进一步优化。同时，课程思政的教学内容设计还有些单调，更多的是凭借教材上的内容和以往的教学设计来进行课堂教学，导致学生只注重学习教材中的知识，课程学习的深度和广度不够。有时课程思政内容包括时事，涉及国家的一些新闻事件，但是在联系上、融合度上还不够，不利于学生实践时联系现实生活、利用所学数字电路知识开展现实中应用能力的培育。其次，课程思政素养还可以进一步提升，表现在挖掘了很多思政元素，对数字电子技术课程内容也很熟悉，但是思政元素和课程内容存在“两张皮”的现象，融合度不够，无法将电子技术思政要素相关知识很好地融入课程思政教学中去，不利于激发和培养学生的爱国主义精神、培养学生的生态文明意识及弘扬中华优秀传统文化。究其原因，还是欠缺教学经验导致的。随着课程思政教学改革的进一步深入，这些问题将会逐步解决。

（三）数字电子技术课程思政评价现状与分析

在进行数字电子技术课程思政教学改革实验时呈现出很多问题。最重要的一点就是以前只关注课程思政的内容设计和实施，即所谓重过程、轻评价。实际的原因是对课程思政教学评价方面不够了解，对如何进行评价研究不够，导致在进行课程思政评价时更多地进行定性分析。

课程思政教学效果涉及的方面很多，包括学生发展、教师发展、学生体验等。比如，首先，在课程教学中是否存在案例库。比如有些教师能否获得较为翔实的思政元素，上课时能否言之有物。其次，能否通过多媒体的教学设施及宣传标语，让学生在潜移默化中了解思政内容。最后，课程思政开展形式是否多样化。在教学方法上是否采取启发式、研究性、案例式、PBL等教学方法，有没有采用“互联网+”教学平台开展相关的课程内容推送、分析，等等。在进行教学评价时，如果仅仅从学生满意度进行评价，那必将失之偏颇。一般而言，教师如果和学生相处得很好，即使教学效果差点，学生评价时也会给高分。因此，学生满意度这一项不一定能完全反映教学目标的实现。另外，就调查问卷而言，当被调查者意识到在做调查问卷时，会产生一些有意识的行为，导致调查问卷的结果容易产生偏差。访谈的效果可能会好一点，但是涉及评价教师的时候可能还会存在上述问题。尽管如此，设计较为有效的调查问卷还是可以发现一些问题的。为了使问卷调查结果更为贴近事实，调查问卷的设计可以更多地进行客观描述，从而避免主观因素的干扰。调查结果发现，学生在之前的评价中认为现有的课程思政教学还是以传统教学方法与手段为主。

科学合理的教学评价制度对于提高和评判课程思政的课堂教学质量有重要作用。在教师评价方面，笔者通过访谈教务处领导、专家和专业课教师等，对课程思政的评价制度及措施进行了调查分析。教师工作处和教务处领导均表示，学校制定了《遵义师范学院课程思政建设工作方案》，在教学评价的评价内容中增设了课程思政的评价指标。教师工作处和教务处对开展课程思政教学的教师就课堂上有关课程思政的教学内容、教学方法提出了评价和建议；对未开展课程思政的教师也会指出在课上哪些教学环节可以增添课程思政的内容或形式，以期提高教师对课程思政的理解和重视程度。但是，具体的课程思政教学状况还需要任课教师的细心观察和调研。根据笔者的了解和调研，数字电子技术课程思政在以往的评价还不够全面，特别对课程思政内容体系方面的梳理不够，在定量分析方面做的工作较少。因此，还需要在这些方面进一步深入研究。

三、数字电子技术课程思政的SWOT分析

1. 优势

（1）政策上的优势。2020年全国教育信息化工作视频会议指出要把握好线上线下

教育融合发展的趋势，加快推进教育信息化建设。教育行政部门和高校积极响应国家号召，纷纷出台相关激励政策。笔者学校所在的贵州省，也希望广大教师借助大数据、人工智能等信息化手段加快混合式教学改革。政策的红利给予广大教师积极推进线上线下混合式课程思政教学改革极大的动力，也必将为课程改革提供支持。

（2）线上线下混合式教学模式的优势。课程思政教学需要春风化雨，潜移默化。对于工科课程，更需要借助工程实践项目培养学生的思政素养。混合式教学模式可以较好地拓展课内课外空间，开展研讨式课堂、团队合作学习项目。借助在线学习，可以较好地锻炼学生主动学习的能力，也可以在线上开展专题讨论，从而突破时间和空间的限制。更为重要的是，在开展课程思政教学的时候，可以将含有思政元素的微视频和时政新闻放在网上，开展爱国主义和红色文化教育，讲好红色故事，传承红色基因。可见，线上线下混合式教学模式的线上部分可以充分利用海量的网络资源和多样的线上表现形式，线下部分可以集中探讨未解问题及深入指导创新性项目实践，加深课程思政的体验感。

（3）数字电子技术课程较为适合线上线下混合式教学。随着集成电路及大数据的迅猛发展，大数据和虚拟现实（VR）技术等已经成为促进教学改革的主要推手。同时，数字电子技术课程是一门时代性和实践性都很强的课程，现在该课程更加强调数字逻辑和集成电路的应用，注重FPGA开发应用和系统开发。所以，传统的课堂教学必须有所改变。线上线下混合式教学模式的特点与数字电子技术课程的特色相吻合。一方面，数字电子技术课程有限的教学课时与大量拓展性知识的矛盾需要线上线下混合式教学模式来解决。另一方面，数字电子技术课程的强实践特性和团队协作模式也需要线上线下混合式教学模式来解决。综上，在数字电子技术课程中实施课程思政协同育人教育可以借助线上线下混合式教学模式来提高效率。

2. 劣势

（1）混合式教学模式对学生的自主学习要求较高，线上线下混合式教学模式的实施需要学生具备一定的信息技术能力，同时需要制定课前学习任务书及评价标准；在实施时，课程视频的录制、课件设计、课程录制、教学设计等在一定程度上考验授课教师的信息技术水平。同时，线上平台可能会存在一些问题。有的线上学习平台存在运行环境不稳定、速度慢、运行卡顿、人性化体现不足等问题。这些问题的存在影响师生的体验感，也降低了师生使用网络教学平台的积极性。

（2）非思政课教师综合能力亟待提升。进行课程思政的教师基本都是专业课教师，受到传统思政课的影响，大部分教师都比较专注于专业课程知识的讲授，而缺乏“大思政”的教育理念，不能从系统角度思考思政问题，因而难以充分挖掘课程中的思政元素。大多数教师对课程思政教学目标定位不够准确，对子目标划分不清，因而很容易造成对教学内容和教学方法的把握不准，导致教学效果不佳。

3. 机遇

（1）大数据的迅猛发展。大数据的发展使得线上线下混合式教学可以更方便地对学生的学习效果进行分析，甚至进行个性化教学，从而提升课程思政的教学效果。大数据和人工智能的发展还可以帮助教师更方便、更有针对性地搜集专业课程的相关思政素材，甚至分析学生学习心理和特点。可以利用大数据技术对课程思政的教学资源、教学评价及教学团队等方面进行完善，从而形成更为科学、全面、过程化和个性化的课程思政教学模式。

（2）学生生活方式的转变。伴随信息技术发展而成长的学生，更习惯于从网络获取信息，也习惯于从手机、电脑等终端设备进行碎片化学习。学生学习习惯的转变更有利于线上线下混合式教学模式的实施，也有利于微视频、红色文化的传播。

（3）软硬件普及及生活水平的提高。软硬件普及有利于学生随时获得各种资源，进行线上线下的学习。由于社会的发展、科学技术的进步、人民生活水平的提高和精神世界的丰富，人们对教育也产生了多样化、个性化、高质量的需求。而软硬件的普及恰恰为这一精神需求提供了便利条件。

4. 威胁

手机和平板等通信工具的出现，使学生对手机的依赖性增强，甚至一些学生在课堂上也忍不住翻看手机，导致学生的注意力分散。手机已经成为当下生活的必需品，但是更多的缺点也暴露出来。例如，很多学校为了防止学生在课堂上玩手机，专门设置手机袋，让学生上课时主动将手机放在手机袋里面。这表明电子产品的出现会分散学生的注意力，乃至让学生上瘾。这必将导致教学效果的下降。

信息化时代加剧了信息传播的速度和各种社会思潮的传播。网络主播、自媒体对学生的价值观有着导向作用。某些媒体抓住社会的“热点”“痛点”，为了流量，哗众取宠。更有甚者，某些“标题党”“键盘侠”借助互联网环境贩卖“毒鸡汤”，为刷流量大搞“精神传销”。例如，云南大象北上，个别网络主播蹭热度捡吃大象剩下的菠萝，吃相难看。这些庸俗、颠覆“三观”的事件起初可能不会对大学生产生不良影响，但随着某些网红借此获得了巨额经济利益，事件可能会逐渐侵蚀人们的思想，而处于价值观形成时期的学生容易受标签化舆论操纵，从而阻碍课程思政教学的良好发展。

四、数字电子技术课程思政的教学策略

（一）总体策略

1. 强化顶层设计，建立协同育人体系

课程思政是一个关系育人的系统工程。数字电子技术课程的课程思政育人目标仅仅是专业乃至高校育人目标的一部分，因而数字电子技术课程思政的育人目标要服从专业

人才培养方案的整体目标。上海各所高校课程思政改革的成功经验中最为关键的一条就是成立课程思政改革领导小组，统筹规划各种资源和育人体系。各学院和专业也围绕学校的人才培养定位，划分每门课程的子目标，课程再细分小目标。可见，做好顶层设计，不但可以优化资源、避免内耗，还可以整体把握课程思政的大方向，从而保证不偏离立德树人总目标。要从学校层面制定部分激励政策，做一些引导，激励专业教师投入更多的精力开展课程思政教育。

高校可以出台一些政策，明确课程思政在立德树人中的重要地位。截至目前，依然有部分教师对课程思政的地位认识不到位，甚至认为课程思政与课程讲授没有太大联系，认为课程思政是领导和思政教师的事情。殊不知，思政内容体现在专业课教学中，更加能提高专业课程的教学效果，从而实现立德树人的教学目标。高校可以从顶层设计出发，通过激励机制的实施，从政策上引导专业教师对课程思政的认识。例如，设立课程思政示范课等教学改革项目和课程思政比赛等活动，并从职称评定和绩效分配上予以倾斜，从导向上引起专业教师重视，从示范上给专业教师技术指导。

学工委、团委等部门及时反馈学生思想动态，方便教师更有针对性地开展思政教育。数字电子技术课程是为低年级电子类专业大学生开设的核心基础课程，课时多，课程持续时间长。并且，此时大部分学生在心理和专业认识上均不够成熟。针对这一情况，在课程思政的教学中不但要时刻掌握学生的专业学习情况，更需要掌握学生课程思政的教学效果，具体反映为学生的思想动态。任课教师从学工委、团委等多部门了解学生思想动态，不仅增加了教师的工作量，也难以时刻了解学生的动态。学校可以从顶层设计出发，借助网络教学平台，统计各部门对学生的反馈数据，利用大数据、“互联网+”等技术手段，过程化、个性化地分析学生的思想动态，从而更有针对性地设计课程思政教学内容和教学方法。

2. 利用“互联网+”等信息化手段，优化混合式教学模式

充分利用“互联网+”等信息化手段开展思政教育，是落实习近平总书记在全国高校思想政治工作会议上讲话精神的重要举措。线上线下混合式教学模式在上海高校的课程思政改革中得到成功验证。线上线下混合式教学模式在教师充分利用海量网络资源的同时，还可以与学生面对面教学，增加亲和力。

数字电子技术课程是电子类专业一门核心课程，学好本门课程是深入学习本专业的前提。学习本门课程的学生大多经常接触电脑和网络，对信息技术较为熟悉，因而对于开展信息化教学模式具备较好的基础。同时，要认识到课程思政元素的挖掘是一个与时俱进、不断完善与充实的过程。需要敏锐地认识到网络上一些思政元素对课程教学的促进作用。例如，讲解集成电路芯片应用时，可以引入华为事件，安排学生搜集、查找网络相关资料，进而探讨集成电路产业的困境与机遇，激发学生的家国情怀和迎难而上的精神。利用信息化手段挖掘当地的一些思政元素。不同高校、不同地域，就地取材的思政元素自然不同，将身边的感人事迹融入课程思政，更容易打动学生。例如，遵义师范学院充分利用遵义的红色文化、长征精神和遵义师范学院的革命前辈奋斗事迹，大大提高了课堂的感召力和课程的精彩程度，思政效果自然就获得了。

教学模式的优化是实施课程思政的重要途径。通过优化线上线下混合式教学模式，利用网络教学平台快速、准确地掌握学生的思政状态，有针对性地将课程思政元素融入专业知识教学中，可以增强学生的思想觉悟、政治信念，树立崇高的家国情怀，增强学生专业学习的主动性和使命感。通过“互联网+”等信息手段，可以多角度、全过程和个性化地分析学生思想状况的变化，实时与学生进行沟通交流，增强师生的联系，从而优化课程思政教学内容，引导学生在追求个性化发展中注意与当前国家发展、社会进步保持一致。同时，也可以借助信息化技术将课程思政的评价纳入课程考核中，促进课程思政教学活动的有效开展。

3. 以提高专业教师课程思政教学水平为导向，提高教师育人能力

课程思政教学效果的优劣，关键在于教师。教师是导演，也是演员。课程思政这部“戏”想要效果好，首先要剧本好，其次演员要演得好。因而，教师的教学水平将直接影响课程思政的教学效果。教师需要提升的不仅仅是教学技能，还有教学观念。教师需要明确自己的双重身份，即“教书”和“育人”。教师需要不断自我提升，要充分认识到“育人”这一重任，以“培养社会主义建设者和接班人”为终极目标。在这一信念下，教师要想做、敢做，大胆地进行课程思政教学改革，从多方面、多角度不断地发掘课程中的思政元素，应用新型的教学手段和教学理念，提升课程思政教学效果。作为教学实践中的主体，专业教师面对思政元素和专业知识有机融合这一新要求，对自身的思政理论水平也有了更高要求。若专业教师对思政理论掌握得不够系统，则必然影响课程思政教学活动的开展。思政理论与实际生活联系紧密，教师需要在平时的科研教学工作中结合自身的实际情况不断提高，在习近平新时代中国特色社会主义思想的指引下，规范教师教学行为，保证专业课教师能很好地开展教学活动。数字电子技术课程完全可以融入中国元素、红色元素。例如，在讲授器件应用的时候，可以讲述王阳元、陈星弼院士的事迹和贡献，讲述他们在某些方面的世界领先技术和设计思想，彰显中国共产党的政治领导力、思想引领力、群众组织力、社会号召力，为坚定“四个自信”增添信心和底气。

教师思政化水平的提高也有利于课程思政教学活动的开展。在互联网时代，知识爆炸、网络信息满天飞，假设专业教师思政化水平不高，则可能不能有效甄别信息的真伪，在课堂上发表不当言论。这不仅无助于课程思政教学活动的有效开展，无助于帮助学生树立正确的世界观、人生观，无助于弘扬社会正能量，反而有可能导致培养的学生不能坚持正确的政治立场。较高的思政素养可以帮助教师在教学活动中进行研讨式教学，在案例分析中提出独到的见解，帮助学生提高思辨能力，使得他们在纷繁复杂的信息中能准确辨别真善美、假恶丑，从而提升课程思政的教学效果。例如，可以开展研讨课，研讨实践教学环节中蕴含的职业道德精神和职业伦理要求。这就要求教师具备较高的思政素养和分析能力，教师可以在教学活动中引导学生发现、挖掘实践活动中职业道德精神和职业伦理要求，帮助学生树立正确的职业道德观念。

（二）课堂教学策略

1. 课前准备策略

数字电子技术（含数字逻辑）课程有着丰厚的课程思政内容资源，这些思政元素需要好好挖掘，在课程教学中通过实际的教材内容剖析，重视教材中包含的课程思政相关要素，及时梳理教材中的课程思政资源，形成知识体系。只有这样，才能在教学过程中把握好可以恰当融入课程思政内容的时机。因此，在将课程思政基础素材充分融入数字电子技术课堂教学的整个过程中，课堂上的教师对于课本和教材内容的剖析与其内容的选择需要教师付出自身实际行动，注重自身的理论实践能力，去挖掘整合课程和教材中蕴含的思政资源，并进行反思，只有这样，教师才能将课程思政的思政教育资源内化于心，外化于行，从而用于教育和培养学生。正人首先要正己，名师出高徒，只有教师自身过硬，才能完成立德树人背景下育人育德的神圣使命。

课程思政教学团队还需要收集实时素材，辅助教学开展。专业课教师还需要搜集一些时事热点。一些政治事件之所以能成为热点，是因为受到很多的关注，也容易引起学生的共鸣。数字电子技术课程中蕴含的思政元素有多种，包括提升国家民族科技实力的责任感和使命感，提升中华民族文化自信，以及知识传授和能力培养等。教师在课堂教学时，要适时选取一些新鲜的素材，这些素材不仅要新鲜，而且要符合课程思政要素的具体内容，紧扣教学主题，具有可使用性，而不是生搬硬套。教师在课堂教学前要理解所要收集的素材类别。只有不断搜集整理新鲜素材，才能保证课堂的鲜活与充实。遵义是三线建设的重要基地，一大批三线建设的工厂建设在遵义，如航天061基地、遵义医学院、遵义的第一所本科院校。遵义还是伟大转折之城，是长征国家文化公园的重要组成部分。数字电子技术课程完全可以与这些思政元素有机结合。例如，在讲解半导体器件的时候，可以讲述三线建设（航天061基地）的历程，其中的电子设计在建设中所起的作用，将艰苦奋斗、无私奉献精神与社会主义核心价值观有机结合。安排课后实践活动，调研遵义三线建设博物馆，让学生亲身体验三线建设的艰辛与伟大，引导学生学习“三线精神”。将这种独具匠心的历史案例展示在数字电子技术课堂上，有力地促进了学生正向价值观的形成，促进立德树人任务的落实。

教师不断提升自身素质，是落实立德树人的前提条件。没有高素质的教师，就无从下手挖掘思政元素，或者生搬硬套、东拼西凑一些历史典故，也难以达到如盐在水的教学效果。因此，教师应该积极学习国家思想政治知识及其他能提升综合素质的知识，通过不时地利用课下空余时间“充电”来提高自己的各项素质。为此，教师必须迎合现今时代发展，必须具有先进的教育理念、高尚的思想品德、扎实的专业素质和较强的科研能力，以更好地掌握电子信息学科的特色，发现数字电子技术知识点与课程思政教育的结合点，努力探究德育浸透道路和讲授办法。教师要努力提高自己的品德品质，用自己的实际行动对学生进行感染和熏陶。总之，只要专业课程教师在思想上有立德树人的意识，并且脚踏实地地去做，学生的情感和道德就会在课堂上产生、传递和凝结。

2. 课中实施策略

（1）教学目标的设计。

教师在准备教学的过程中，只有做好教学目标的三维设计，在讲课的时候才会有的放矢，取得预期效果。下面结合学校对课程思政教学的要求和学科发展的需要，针对立德树人背景下数字电子技术课程思政五大要素对三维教学目标进行了整合，具体如表3-1所示。

表3-1　数字电子技术课程思政教学目标

目标分类	目标内容
知识与技能	① 培养学生学习关于国家建设的基础知识，了解国家形势和国际时事； ② 明确现今社会存在的生态文明问题，提高对可持续发展的重视程度； ③ 能够说出我国关于电子信息和半导体发展的著名人物和地方红色文化传统； ④ 知晓科研伦理道德
过程与方法	① 培养学生善于观察，不断发现自己在生活中遇到的电子电路，结合所学的知识，更好地服务于实践的能力； ② 通过师生合作，创新课堂模式，积极探讨数字电路课程思政教学的知识目标； ③ 培养学生善于思考的习惯，积极思考出现电路错误现象的原因； ④ 培育学生善于总结方法
情感、态度和价值观	① 学生关心国家的发展，增强学生维护祖国和谐统一的意识； ② 引导学生切实关心我国的社会经济文化与社会发展，培养他们积极投身科研，自觉担当起他们所肩负的重要历史使命； ③ 培养学生爱国、自强、自律、自信的优良传统精神，发扬中华上下五千年的文明，为有强大的祖国感到骄傲； ④ 培养学生强烈的职业道德和职业素养

（2）教学内容的扩充。

目前，高校专业课教师单用教材进行教学的现象普遍存在，教学方式比较单一。而造成这种现象的原因是多方面的，比如教师考核重科研、轻教学，教学出成果慢，展示性不高，科研出成果快，“性价比”高，许多老师，特别是年轻教师科研压力很重，不能全身心投入教学。但是，如果教师只使用教材进行授课，那么可能导致教学内容的枯燥与单调，也可能使学生厌倦课程学习。所以，教师在课堂教学过程中应该扩充教学内容。例如，尽可能多地采用多媒体展开讲授，寻觅最新的思政方面的案例视频或者图片，在解说的时候穿插图片或视频的展现，激发学生的思考意识，给他们真实直观的感触，借助“互联网+”学习平台，实时统计反馈学生的学习状况。比如，在讲授我国“半导体器件”一节时，可以通过播放视频展示我国集成电路器件的制备过程，展示集成电路工艺的变迁，讲述我国的量子集成电路器件。这样，学生可以直观地感受到我国科技的极大进步和人类经济活动对自然环境的重要性及影响，培养学生人与自然和谐共处的思想观念，激起学生保护生态环境的强烈欲望，进而达到生态文明教育和树立文化自信及增强爱国主义情怀的目的。对学生实行这样的启示教育和情感教育后，教师再实行相关知识的总结，讲授效果会更好。

（3）教学方法的选择。

在开展数字电子技术课程思政教学时，要想在实际教学中更好地搞好课程思政的教学，教学方法就不再是以教师为核心，而要坚持“以本为本”、以学生为中心的教学理念。要让学生做学习的主导者，教师做引导者。研究以学生为中心的教学方法，针对立德树人这一根本目标，不断地思考、创新、总结教学方法。可以参考以下比较成熟的教学方法。

① 情境教学法。在讲台上表现真实的情境，引导学生进入提出问题的角色中，并与现实世界产生共识。在讲述二极管、三极管的时候，播放展现科技工作者在晶圆代工厂中工作的情景视频，再配合器件的制备工艺流程动画，让学生对集成电路（二极管、三极管）有一个充分的感性认识，自然而然地理解电路的性能。一名毕业生曾说：“以前不了解电路设计，很多流程都理解不了，但是现在来到贵州航天风华实业有限公司后，看到实际的电路，就了解了整个流程，也明白了如何进行电路设计。”百闻不如一见，这不仅让学生学到电路知识，还激发了学生勇攀高峰的动力。

② 案例讲授法。案例讲授法也叫实例教学法或个案教学法，这种教学方法一般是教师根据课程思政的教学目标，通过具体的教学案例，在课堂上引导学生进行分析、讨论和表述等活动。学生针对案例呈现出的问题开展小组学习、思考探索，从而达到培养学生综合素养的目的。案例帮助学生理解具体的理论知识，这样的形象记忆法有利于学生接受记忆和掌握知识。案例教学法从总体上来说可以归结为归纳教学法，但是与课堂教学中常见的举例说明不同。举例一般是比较随意的，是讲授和讨论等教学方法的辅助。而案例是实实在在的现实情况的记录，以客观事实为基础，具有一系列详尽或定型化的操作程序。案例讲授法一般是理论和实践相结合，教师在相关理论的基础上安排学生对精选的个案展开讨论、分析，以培养学生的创新精神和分析能力。实际教学中，教师可以灵活处理思政案例的时间。例如，在讲授二极管、三极管的章节，教师可以在课程快要结束的时候进行思政教学，布置学生课后通过查询文献撰写论文《从〈瓦森纳协定〉到“中兴、华为事件”看我国芯片技术发展》。特别要求学生思考：同样的制裁，不同的命运，其中的区别是什么？在下一次授课开始，结合大家的文献阅读和查询资料，为学生讲授5～10分钟的下述内容。

《瓦森纳协定》又称为瓦森纳安排机制，它是世界主要的工业设备和武器制造国在巴黎统筹委员会解散后于1996年成立的一个旨在控制常规武器和高新技术贸易的国际性组织。

由于《瓦森纳协定》受美国掌控，美国从自身利益出发经常阻扰我国与其成员国之间开展正常的高技术国际合作。中美之间的科技合作也是限于能源、环境、可持续发展等领域，在航空、航天、信息、生物技术等高科技领域几乎没有合作。美国经常以国家安全为由限制高技术向我国出口。在半导体领域，受限于《瓦森纳协定》，在芯片设计、生产等多个领域，中国都很难获取到国外的最新科技。导致我国在集成电路领域落后很多，国家也因此下定决心将集成电路产业作为支柱产业进行重点支持。

通过本案例的思政学习，学生最大的收获是加强了国家安全、国家忧患意识，从而对自己所学习的专业知识和技能充满热情。从而实现了课程思政的教学目标：一是坚定学生对党的领导、社会主义制度的认同，拥护国家科学发展战略，开阔国际视野，培养国家忧患和国家安全意识；二是树立学生履行时代赋予使命的责任担当，激起学生报国的理想情怀，从而满怀创新精神、钻研精神和奉献精神。

3. 课后巩固措施

（1）改变传统课堂教学理念。

数字电子技术课程思政教育最终目标是提高学生觉悟，落实立德树人根本任务。在进行课程理论讲授的同时，教师应注意改变传统的课堂教学观念，加强实践能力的培养，让学生多做社会实践和社会调查，以实践验证理论，理论和实践相结合。传统的教学理念是教师讲授知识点，学生专心听课，识记并反思。数字电子技术课程教师应在此基础上加以改进，让学生参与知识教学，在课堂上与学生讨论，让学生发言，让学生表达自己的观点。换句话说，与学生的互动不仅活跃了课堂气氛，而且有助于学生的理解和记忆。例如，在谈到走可持续发展之路时，教师可以联系电子电路（特别是数字电子技术）与绿色发展的相互促进关系进行讲解。学生也可以随时提问。教师应坚持改变传统的数字电子技术课堂教学观念，坚持通过实践出真知，因地制宜，培养学生的学习思想和方法，以及个人和集体对环境的责任感。这是教师的必修课。转变教师的教学观念是推进“德育”的关键一步。

（2）在数字电子技术课程中开展各种各样的实践活动。

数字电子技术课外实践旨在提高学生对知识的理解，将知识转化为实践。这是实施所学知识的最佳选择。陶行知是我国著名的教育家，原名陶文濬，后改知行，又改行知。因为陶行知意识到人们只有在行动、应用的时候才知道。教学方式再好，如果没有真正的实践，一切皆是空谈。因此，教师必须开展实践教学，用理论去指导实践，让实践证明理论的正确性。数字电子技术教师在课堂教学中应注意丰富实践活动的形式。主要有两类，第一类主要指学校的实践教学活动。鼓励学生积极参与爱国主义、生态环境、中华优秀传统文化、法治宣传、电子科普知识竞赛等活动，提高学生接受数字电子技术课程思想政治教育的主动性。真实的自然环境、社会情境，以及多样的数字电子技术工具与技术的使用，使教师成为电子信息科学与技术专业数字电子技术课程教学渗透动手能力的主要推手。第二类是校外实践动手能力。以往的校外实践活动经常流于形式并且没有考虑课程思政教学的元素，但校外实践活动需要落到实处。比如，安排学生参加“三下乡”开展实践活动，安排学生前往长征文化、三线建设实地去调研。这些调研活动既丰富了学生的社会活动能力和信息处理能力，也让学生从实践中亲身感受到传承红色文化的重要性，实现立德树人的教学任务。

（3）及时反馈成效。

良好的学习反馈与调控是实现教学目标的基本保证。在教学反馈活动中，教师应考虑如何通过及时积极的评价来激发学生的自信心，从而保持良好的学习氛围，充分发挥评价反馈的激励、纠正和改进功能。反馈也是一种沟通，沟通常用的是沟通视窗。沟通视窗，也称乔哈里视窗，是一种关于沟通的技巧和理论，也称为“自我意识的发现—反馈模型”。沟通视窗可分为隐私象限、盲点象限、潜能象限和公开象限四大区域（见图3-10）。教师需要利用盲点象限及时和学生沟通他不知道的信息，帮助学生提高自己对项目的完整认知，在这个基础上学生才能有针对性地进步，能力才能有所提高。

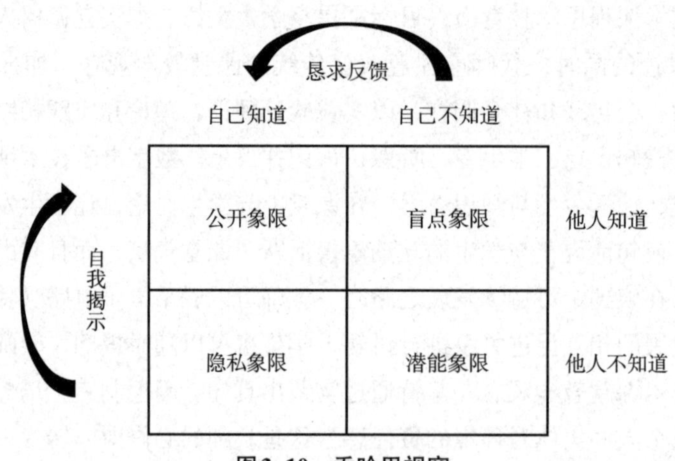

图3-10　乔哈里视窗

在课程思政教学中，如果没有反馈，那么显然无法进行改进。反馈需要注意一些基本的原则。

第一，反馈次数要多。教学过程中只有多次反馈，才能有效地调控教学。

第二，反馈渠道要多。在学习过程中输出反馈信息的渠道不能局限于学生的练习和作业。教师在教学的各个环节都要善于察言观色，运用多种手段随时获取学生从表情、神态等方面反映出的反馈信息。

第三，反馈面要广。教师获取反馈信息的面越广，对学生学习效果的了解就越全面，越准确。

第四，反馈时间要早。信息要及时反馈，及时评价。课堂作业是一节课的最集中最全面的反馈，应着力抓好。

第二节　数字电子技术课程思政教学的案例设计

如何开展课程思政教学是培养学生思政素养的一项重要内容。课程思政教学需要和专业知识点教学相融合，但是需要制定明确的思政目标。本节针对数字电子技术课程思政的教学策略和目标，选取《数字电子技术》中第二章“数字逻辑代数”第一次课的教学内容“逻辑代数的基本公式和基本定理”作为课程思政教学设计示例。

一、教学设计

逻辑代数的基本公式和基本定理教学设计如表3–2所示。

表3–2　逻辑代数的基本公式和基本定理教学设计

<table>
<tr><td>教学内容</td><td colspan="2">逻辑代数的基本公式和基本定理
重点：基本概念、逻辑运算、基本公式与基本定理
难点：基本公式的证明</td><td>学时</td><td>2学时</td></tr>
<tr><td rowspan="3">教学目标</td><td>知识目标</td><td colspan="3">① 熟记逻辑代数的基本概念和基本运算法则；
② 掌握逻辑代数的基本定理和逻辑函数公式的证明；
③ 学会运用逻辑代数的基本运算法则解决一些常见的问题</td></tr>
<tr><td>能力目标</td><td colspan="3">① 培养学生解决问题的逻辑思维能力；
② 通过教学培养学生总结和归纳能力</td></tr>
<tr><td>思政目标</td><td colspan="3">① 树立正确的世界观、人生观、价值观，培养爱国主义精神；
② 遵守电子工程师职业道德和职业规范；
③ 塑造电子工程师使命感和社会责任感；
④ 培养学生的科学思维；
⑤ 培养学生电路设计的综合素养和工程意识</td></tr>
<tr><td rowspan="2">思政教学的重点与难点</td><td>思政教学重点</td><td colspan="3">逻辑代数的相关概念、我国电子工程行业的基本情况等专业内容与育人元素的有效结合</td></tr>
<tr><td>思政教学难点</td><td colspan="3">思政案例的编制，学生的思政交流活动的组织</td></tr>
<tr><td>思政教学的方法和实施</td><td colspan="4">① 教学方法：教师课堂讲授、学生查阅资料与调研思辨（围绕教学目标与思政元素）；
② 实施过程：课前布置本次课程的教学内容，要求学生查阅资料并开展课堂交流（围绕教学目标与思政元素）</td></tr>
</table>

表3-2（续）

课堂教学								
教学组织	教师活动					学生活动	思政设计目的	思政目标
	基本教学内容	课程思政教学						
		思政融入点	思政元素	思政内容	思政案例			
知识回顾	①逻辑代数理论研究的内容和发展过程； ②逻辑代数在电子专业及其就业方面的学习迁移和拔高	逻辑上要求严密的逻辑性，达到归纳和演绎的统一		运用专业知识与技能增进全人类的福祉；正直无私，致力于提高电子工程师的职业能力和职业声望		提问与互动：作为一名电子工程师，专业与道德如何“双修”		思政目标2、思政目标3
课程教学内容导入	①了解数字逻辑概论的相关知识； ②熟悉逻辑代数有关的概念及知识	数字电路的特点及描述工具	电子工程师的职业理想与社会责任	电子工程师的职责是熟练运用掌握的知识完成每一项工程，承担社会责任，有良好的文化修养	“自主创新，核心科技”的意义	课前学生查阅：逻辑代数的演变理论	引导学生将国家、社会、公民的价值要求融为一体，把社会主义核心价值观内化为精神追求、外化为自觉行动	思政目标1、思政目标3
教学内容	①逻辑代数的基本概念及三种基本运算	逻辑代数的基本知识的掌握	科学规划的精神内涵	相关概念，理解电子工程师的工作必须服务于工程事业，工程事业因人的利益而发生、发展和存在的重要性	陶华碧的故事，培养学生工匠精神	提问与互动：逻辑代数与普通代数的区别	引导学生深刻理解并自觉践行行业的职业精神和职业规范，把国家、社会、公民的价值要求融为一体	思政目标1、思政目标4

表3–2（续）

课堂教学								
教学组织	教师活动					学生活动	思政设计目的	思政目标
	基本教学内容	课程思政教学						
		思政融入点	思政元素	思政内容	思政案例			
教学内容	② 介绍逻辑代数的基本公式和基本定理	逻辑代数的基本定理及其电路设计	逻辑代数研究者的科学规划思想	数字逻辑和逻辑代数发展的基本理论		课前学生查阅：逻辑代数的基本理论	引导学生深刻理解并自觉践行行业的职业精神和职业规范，把国家、社会、公民的价值要求融为一体	思政目标2、思政目标4、思政目标5
	③ 逻辑函数基本公式的证明	逻辑变量的运用，区分普通代数	逻辑代数研究者的科学规划思想	逻辑函数化简的标准		课前学生查阅：逻辑函数公式化简方法及公式证明方法	引导学生深刻理解并自觉践行行业的职业精神和职业规范，把国家、社会、公民的价值要求融为一体	思政目标2、思政目标4
教学小结	本次课讲了五个知识点： ① 逻辑代数的基本概念； ② 逻辑代数的逻辑运算； ③ 逻辑代数的基本公式； ④ 逻辑代数的基本定理； ⑤ 逻辑代数的基本公式的证明。 本次课要求： ① 熟记逻辑代数的基本概念和基本运算法则； ② 掌握逻辑代数的基本定理和逻辑函数公式的证明							

表3-2（续）

课堂教学								
教学组织	教师活动					学生活动	思政设计目的	思政目标
	基本教学内容	课程思政教学						
		思政融入点	思政元素	思政内容	思政案例			
课后思考题	对于逻辑代数的基本公式的化简有什么方法?		科学规划的思想价值、思维灵活运用的体现	引导学生深入了解一题多解的思维方式		翻阅资料、讨论交流	提高学生的组织管理能力、人际交往能力、团队合作能力，以及不断学习的能力	思政目标1、思政目标5
下次课主要内容	逻辑函数的化简法	无关项在化简函数中的应用	电子工程师就业的依法依规与使命担当	逻辑函数化简方法归纳和运用	巧思电路设计	课前学生查阅：无关项在化简函数中的应用和原则		

二、案例意义

本专题以课堂讲授的方式讲授了逻辑代数的基本公式、定理及其证明，案例中，陈述了0–1的哲学思维和陶华碧的工匠精神。既通过发生在学生身边的故事（至少发生在贵州，而且具有新闻效应的人物），向学生传递一种精神信念，又借助“0–1”演变的“有–无”哲学思想深化学生的学习深度，达到课程思政的教学目标。

三、教学反思

1. 实施效果及成果

（1）明确了课程的价值目标，提高了育人效果。数字逻辑代数章节较为枯燥、逻辑性强，较为抽象。通过将二进制与易经建立联系、“0–1”哲学思想的渗透，使得教学内容有深度、有思想、有立场，特别是加入电子科技大学原校长李言荣院士的讲话，对于培养学生的家国情怀、社会责任感和文化自信等具有积极的教育作用。

（2）注重课程设计，通过课程设计的优化较好地满足每名学生的高质量学习的需求。学生基本可以实现个性化的学习，给能力强的学生增加了挑战难度，学生的整体获得感得到很大的提升。

（3）从知识与能力，教学与方法，情感、态度、价值观这三个维度，组织课堂教学和课下实践。这符合人才培养方案和工程专业认证的要求。将教学目标融为一体，教学方法接地气，增强课堂教学互动，提高学生的参与度。

2. 存在的实际困难和问题

（1）初次实施课程思政教学，经验不足。

（2）学生的课后阅读情况参差不齐。

（3）总体上学生对数字电路设计的重要性认识很好，但是部分学生的基础较差，且没有投入较多的时间和精力，绝大多数学生只是做到了上课认真听讲。

3. 今后的改进思路和注意事项

（1）采用现代教育技术，如超星学习通、“互联网+”和翻转课堂等，优化课程设计，进一步提高学生的课堂参与度和课堂教学效果。

（2）加强课后实践的指导和监督。

第三节　课程教学的课堂驾驭

美国纽约大学优秀教学中心创始人肯·贝恩（Ken Bain）在《如何成为卓越的大学教师》一书中讲述了一则故事。美国西北大学开展了一次“讲课有用吗”的讲座，这一质疑式的讲座引起了一位教授的反对。他对学生说：“我要你们知道，我校教学中心要我们相信讲课一无是处，但是，不管他们喜欢还是不喜欢，我要继续讲下去。”这引起了教师的讨论与反思，争论的一方认为课堂讲授没有作用，而另一方则坚信这一古老的教学手段非常有效。这个例子说明，就如何实施课堂教学，专家和教授之间依然存在争论。诚然，社会的发展或者说信息技术的发展使得课堂教学模式多样化，学生获取知识的渠道多样化。表面上来看传统的课堂讲授有点落后了，但是，教师依然可以在教学比赛、教学研讨中看到很多优秀教师采用传统的讲座式课堂教学赢得了学生的爱戴，并激励了学生学习深层次的内容。当然，也有很多教师采用翻转课堂、对分课堂、研讨式学习和项目式学习等教学方式取得不菲的成绩。这从另一个方面说明，每种方式都能取得不错的教学效果。因而，大多数情况下，课堂教学不可或缺，但一般需要几种方式的有效结合。这一点，可以从我国教育部力推混合式教学的初衷得到佐证。

能够驾驭课堂是教师的重要素质。比如创设良好的情景、良好的语气衔接都可以很好地调动学生的情绪，从而增加课堂实效。从前面两节内容中笔者已经陈述了课程思政教学的策略及课程思政教学的具体案例，即数字电子技术课程的教学实况。但是这里还是有必要叙述一下驾驭课堂的基本技巧和方法，课程思政教学的成功，需要遵循一些教学原则和技巧。这些原则主要包括：创造良好的学习环境；吸引学生的注意力；“以本为本”，而不是从学科角度考虑问题；帮助学生在实践中提升；创造多元化的学习体验；等等。一些技巧则包括：注重培养学生情感（使用温情语言），注重说话技巧，培养学生表达力，等等。

1. 创造良好的学习环境

创造良好的学习环境，这确实是一个复杂的问题，很多人的理解不一样，在这里笔者需要将其定义为广泛的环境，也就是促进学习者主动建构知识意义和促进能力生成的外部条件。比如，课堂氛围的烘托、教学平台的构建和授课方式的选择等都属于学习环境的一部分。优秀的教师能够让学生置于一种自然的学习环境中，问题的出现是自然的、和谐的，而不是突兀的、违和的，学生能感受到问题的出现是“无意的”。课堂教学中创设学习环境的关键是问题的抛出，或者说是如何设置“包袱”。正如说相声，恰当的时候甩出“包袱”能给观众带来笑点，但是“包袱”出现的不合时宜则易引来观众的反感。事实上，学习环境的搭建具有多样性，没有定式，更多的要靠经验。教师需要结合自身的特点打造属于自己的教学风格，并且根据教学目标、教学内容、文化背景和师生个性等选择合适的问题与任务。因而，即使课程知识很熟悉，教学技巧很娴熟，在面对不同年级的学生时，教师也需要根据学生的特点认真备课。

问题的选择既要让学生感兴趣，也需要具有一定的挑战性，以及具有明确性，学生能明确问题的意义所在，才能较好地完成教学计划。多年以前，笔者有幸跟随电子科技大学张开华教授学习、共事。他的上课方式很像在和你谈心，拉家常，不经意间抛出课程知识点问题，并且能根据不同学校的学生（电子科技大学，或者电子科技大学成都学院）抛出不同的问题。例如，在“漫话成功”的讲座中，张开华教授结合自己的求学之路，以及大量图片和实例讲授成功之路，相机诱导，激起学生的学习欲望。问题往往需要结合实际，讲述身边的故事，引起学生的共鸣，因为人们往往在对自己共鸣的问题做出解答的时候学习效率最高。相反，很多教师进行授课的时候关注自己认为重要的问题，而这类问题的解答经常涉及智力和基础，也有些教师从来不问问题，讲课的时候全程一个人在“表演”，学生像看“木偶戏”，甚至许多学生听课时昏昏欲睡，这显然很难达到教学目标。成功的问题往往能燃起学生的学习热情。

2. 吸引学生的注意力

吸引学生的注意力在课堂教学中具有重要意义。首先，有利于提高教学质量。因为只有当学生关注课堂内容时，才能更好地理解和掌握知识。其次，有利于形成良好的课堂氛围，使学生积极参与，从而提高学生的学习积极性和学习效果。因此，教师在课堂教学中，应重视吸引学生的注意力。好的教师会有意识地捕捉学生的注意力。一般来说，在一节课的前15分钟左右和后15分钟左右是学生注意力的两个高峰区。因此，进行授课的时候不仅要激发学生对专业或者学科的兴趣，还要激发学生在某一节课程中控制注意力和保持注意力。方法就是可以借助问题或观点展开讨论来抓住学生的注意力。

教师可以从以下几个方面来吸引学生的注意力。

第一，多元化的教学手段是吸引学生关注的关键。传统的讲授方式容易使学生失去兴趣，因此教师可以尝试引入多样的教学媒体，如图像、音频和视频等。通过展示生动有趣的教学素材，更好地激发学生的好奇心，使他们更愿意参与到课堂中来。

第二，互动式的学习环境也是提高学生注意力的有效途径。教师可以设计一些富有互动性的课堂活动，例如小组讨论、问题解答等，让学生参与其中，不仅能够促进他们的思考能力，还可以增强他们对学习内容的理解和记忆。此外，教师还可以借助现代科技工具，如在线投票系统、教学平台等，实现课堂的实时互动，使学生在学习过程中保持高度的参与度。

第三，个性化的教学方法也是吸引学生关注的重要因素。不同的学生有不同的学习方式和兴趣点，因此，教师可以根据学生的个体差异，采用差异化教学策略。通过了解学生的需求和兴趣，教师可以调整教学内容和方式，使之更贴近学生的实际生活和兴趣爱好，从而引发他们的兴趣。

第四，激发学生学习兴趣的同时，教师还应注意培养学生的学习动力。鼓励学生树立明确的学习目标，并及时给予正面的反馈，使学生在学习过程中感受到成就感和乐趣，从而更加主动地投入到学习中。

3.“以本为本”，而不是从学科角度考虑问题

2018年6月21日，教育部办公厅召开新时代全国高等学校本科教育工作会议。会议强调，坚持“以本为本”，推进“四个回归”，加快建设高水平本科教育。这说明教育部已经将本科教学提升到至高地位。前文提到，许多教师在进行课程教学时，往往认定学生应该掌握到什么程度，不管学生能否掌握，在课程教学中始终按照自己设定的难度和目标开展教学工作。如果达不到这个目标，就判定学生是不合格的。这种传统的教育理念遵循的是学科的体制，一套需要讲授或涵盖的知识体系。如今，新工科教育理念要求以OBE思维模式进行，推行“以学生为中心”，而不是“以教师为中心”或“以学科为中心”的教学模式。“以本为本”是从学生的需求出发，关注学生的个体差异和发展需求。比如，对于某一知识点，不再只是单纯地让学生死记硬背，而是应用于实际情境中，让学生从操作和经验中寻找问题，理解知识。“以本为本”或“以学生为中心”的教育理念在混合式教学模式的加持下得到空前的认可。从知识点的确定、线上线下教学方式到实践内容的确定都要围绕学生来进行。课程内容的安排从最简单的开始，再向高度难度展开。如果学生的水平较低，那么教师就不要从高、难的问题入手去讲解。比如学生的数学基础很差，那么教师就不要假定有些知识学生在高中就已经掌握，如果没有掌握就自行解决，然后一上来就给学生推导公式，从理论上分析数字电路的设计。这只能让学生听得云里雾里。这时候需要从最简单的基本概念出发，慢慢给学生构建数字电路设计基础。

4. 帮助学生在实践中提升

有研究表明，部分学生沉迷于电子游戏，一个重要的原因是学生可以在里面找到成就感，体会到参与感。因而在专业教学中，特别是工科专业，比如电子信息工程，如果教师一门课程从头到尾都是讲理论，学生没有实践机会，那么学生就好比翻了一下书，或者背了一下书，很快就会忘记，没有什么收获。“做”比什么都重要，很多知识点教师讲解半天学生也很难理解，但是教师带学生实践一下，学生立马就明白了。培养学生的动手能力很难在课堂上单独完成。因此，需要在实践或者第二课堂中提高学生的动手能力。笔者曾经到贵州航天风华实业有限公司调研，一个毕业的学生跟我说，学院很有必要加强“16+2”实践教学活动，让学生提高对实践的感悟。她以前有很多课程知识都理解不了，到公司看到实物后，很快就明白了。当然，这里面可能包含学生学习心态的转变及工作压力等多种影响因素。但是，实践的重要性是毋庸置疑的。有些教师出于各种原因，喜欢用语言去阐述问题、举例说明，不愿认真指导学生做实验，甚至认为做实验比较浪费时间。归根结底，还是教育理念的差异，到底是传授学生知识还是让学生发现问题并自己找到解决方案。做实验似乎要花费很多时间，但是只有动手实践才能培养学生的动手能力，只有独立探究才能培养学生的探究能力，这是课程的最大效率。因此，课程中重视实践教学，无论是课内实践还是课外实践能力，都需要专业科任教师不断地加强。例如，开展一次研讨课，让学生去面临新的问题，去阅读或查阅更多复杂资料。让学生去完成一个项目，不断进行讨论，在讨论中巩固相关的概念知识，使学生能够利用批判思维，在动手实践中建构自己的知识体系，在共同奋斗中建立团队意识。

5. 创造多元化的学习体验

“人的大脑喜欢多样性。”王晓群等在*Mouse and human share conserved transcriptional programs for interneuron development*一文中揭秘了人脑中间神经元多样性到底是怎样发育形成的，研究结果表明了人的大脑是多样性的。这一研究结果也提示了教师在课程讲授的时候要正视大脑多样性问题。比如，很多孩子喜欢拆家里的东西，喜欢乱涂乱画，这恰恰就是探究的开始。著名生物学家珍妮·古道尔（Jane Goodall）小的时候为了让鸡蛋孵出小鸡，在鸡窝里待了整整一天。母亲虽然焦急地找了一天，但并没有怪小珍妮，这让珍妮·古道尔爱上了生命科学，成为研究黑猩猩的世界级专家。同样，教师在进行专业课程教学的时候可以采用各式各样的教学手段。比如在呈现知识点的时候可以采用多种表现方式（图片、图表、视频、流程图等）。既可以允许学生相互讨论、得出结论，也可以允许学生在旁边倾听、独立思考；既可以口头汇报，也可以视频汇报等。

6. 注重培养学生情感

在传统的教学中，很多教师往往只重视知识的使用价值，因此在教学过程中，只注重知识点的表述，而忽视教学过程中情感的调动和情操的陶冶。如果教师只关注自己的专业水平和教学内容，而缺乏对学生换位思维的认识，较少观察学生的情感体验，那么师生之间就会有一堵无形的墙。没有情感交流，教学效果的本质就难以体现。例如，在讲解三线建设与航天精神的时候，是选择蜻蜓点水、浅尝辄止还是声情并茂、娓娓道来充满跌宕起伏的故事情节呢？如果是前者，就给人一种“置之度外、冷漠无情和缺乏文采”的感受。试想，如果学生觉得教师对课程思政教学都一副无关紧要的态度，教师又如何能培养学生的思政素养呢？不仅在课堂上，在课后也可以和学生打成一片，正所谓“亲其师、信其道”，师生情感的和谐也有利于学生对课程的亲近和喜爱，帮助学生对课程加深理解。

7. 注重说话技巧

上课充满激情，妙语连珠。出色的口才不是每位教师都容易具有的，但是，还是有其他办法进行弥补。一个重要的办法就是，设计好授课的教学设计，特别是每个环节的转折词或者过渡词需要想好，课程的导入需要采用能引起共鸣的案例。在课程讲授的过程中，优秀的教师往往会从简单的问题入手，过渡到复杂有特性的问题，先采用通俗易懂的语言，再逐渐过渡到专业的词汇。关键在于细节的把握。优秀的教师往往喜欢采用温情、热烈的语言讲授课程知识，用温情的语言讲述故事，当然，课堂上也不能仅仅只有温情语言，在总结内容的时候还是采用平淡语言较为合适。

8. 培养学生表达力

学会表达，不仅是提高学生整体素质的需要，也是课堂教学的需要。教师有时经常看到某间教室里热闹非凡，听到学生在教室里充满活力的谈话，争论问题和观点的声音此起彼伏。乍一看，还以为课堂气氛热烈，是一堂成功的教学。但是，实际上谈话可能流于形式，变成对提高学问毫无裨益的自由讨论，或者变成打赢嘴巴官司的胜负之争。学会表达，是要学生学会针对问题有礼有节地表述自己的观点。正如有位教师说：“我们为什么要在课堂讨论的时候进行主持呢？难道仅仅是为了打发时间，赚点课时费吗？其实就是要让学生进行有目的的讨论，在合适的时候将学生的思绪拉回正轨。”所以，培养学生的表达力是一件非常辛苦的工作，不仅仅是为了让学生变得口齿伶俐，更多的是针对学科特点或者课程特点，培养学生的逻辑思维能力和团队协作能力，甚至家国情怀。利用学生的表达力去烘托课堂气氛，提高学生的学习效率，打造高效课堂。优秀的教师不是为了表演而表演，更多的是因为对学生的爱而关注表演的细节，关注学生学习的本质和过程。

第四节 课程教学的师生沟通

沟通是一门艺术，是一种人性的美好。在与学生的沟通交流上，同样的问题不同的教师可能会得到不同的效果。师生间的沟通要注意一些原则，也要拥有一些艺术。首先，要有爱心、耐心；其次，要有赞美和鼓励，缓解学生的压力等。曾经有一位教学名师，发生过这么一件事情，他所教的班里有名学生，头脑灵活，但是纪律性差，上课喜欢找周围同学聊天，周围无人回应便自言自语，一旦批评他，马上一脸的诚恳，保证要改正这个缺点，但事隔几天，依旧故我。面对这样的学生，这名教师不离不弃，不厌其烦地跟他促膝谈心：讲述学习的重要，要养成良好的学习习惯必须持之以恒，要有坚强的意志力和毅力。最终，这名学生深有感触地说："老师，看我的表现吧！"结果这名学生确实进步了。虽然还时有反复，但他已经知道怎样控制自己了。从这里可以看出：教育学生，应用爱心接纳他们，善于发现他们的优点，抓住教育的时机，有情、有理、有力、有度。学生特别需要教师慈祥温和的笑容，文雅亲切的话语，善解人意的目光。但是这些优秀的教师具有爱心、耐心和同情心就会拥有这么好的教学效果吗？或者说其他教师就是缺乏爱心，不懂得赞美学生吗？结果并非如此，我们会发现，很多教师很有爱心，对学生也很好，很希望学生有出息。有这样一位教师，他担任班主任，为了学生的发展，经常带着学生学习英语，要求学生上晚自习，有机会就带着学生做实验，对待学生也很严格。可是，学生却不理解这位教师，对教师的教学评分也很低，有种做了事却没有情的感觉。其实，这可能是由与学生相处或者沟通存在问题导致的。那么，在师生间的沟通中，或者说如何对待学生上，还有什么方法吗？这个问题需要归纳一下优秀教师的共同特点，才会得到一些启示。诚然，我们可以看到很多优秀的教师英俊潇洒、温文尔雅、风趣幽默等，但是也有很多教师相貌平平，甚至脾气暴躁。有这么一位高中物理教师，人称"拖把老师"。他经常在课堂练习时间拿着拖把巡视，要是哪个学生不好好学习，就拖把上身（当然并非真打，而是威慑）。但是，无论学生还是家长，都非常喜欢这位教师。他教授的科目高考成绩也很好。所以，必定还有一些其他因素影响一名教师成为优秀教师、影响师生间的沟通交流。

我们会发现很多教师师生关系很好，教学评价很高。这些教师在学生身上倾注心血，关爱学生。这种关爱的表达首先是对学生的一份信任，把学生当作"人"和学习者来看待，有信任、有规则。这也是为什么教育部提倡"以本为本"，教育回归。以学生为中心，抛弃绝对的权威，不把自己当作"神"一样的存在。一位教师说："我在教学方面没有什么特别的，最重要的就是我和学生之间确立的信任关系。"所以，我们要相信学生会学习，而不是担心学生会设法欺骗我们，或者担心学生学不会。跟学生建立特殊信任关系的教师经常展现出海纳百川、胸怀天下的气度。他们会经常和学生一起谈论人生、求学经历、失败的经验和研究的项目等。有一名年轻的学生说："张教授特别好，我刚接触微电子学与固体电子学的时候，也是懵懵懂懂、困难重重，张教授经常和我们谈论学习、专业情况、研究的项目和未来发展，这让我对这个专业充满信心。我过去一直认为学习这个专业需要有一定的天赋，许多老师表现出来的也是这样。"因为很多教师给人的印象是学富五车、知识渊博，学生就会觉得自己有很多不足，从而在专业学习上失去信心。有些学生说得委婉一点："那位教师很厉害，就是知识倒不出来，教的东西我们听不懂。"因此，除了信任，教师还需要谦逊。1986年诺贝尔化学奖得主之一的哈佛大学教授达德利·赫施巴赫（Dudley R. Herschbach）承认："在你能够达到了解事物的新水平之前，你一定是迷惑不解的。"可见，有些教师经常认为学生基础很差，却忘记了自己曾经也是那么的迷茫和无助。

优秀的教师会经常怀着对未知世界的谦卑、敬畏和崇拜，并带着一份坚定的自信心：一定可以带着学生干出一番成绩。尽管有时候，失败是不可避免的。教师有时也会被学生伤心，搞得心灰意冷，并流露出一些不耐烦的情绪。但是，教师还是需要尽量调整好自己的心态，以平等的心态认真对待学生、关心学生，这种处事方式不管是在课前、课中还是课后都要保持。

第四章 混合式教学模式下数字电子技术课程思政的效果评价

作为“大思政”格局的重要组成部分，课程思政在价值引领方面起着重要作用。但是，目前许多课程思政教学的实施更多的是重视形式，其实施效果缺乏数据支撑，得出的结论欠缺说服力。为了更好地促进课程思政的深入发展，许多教师基于OBE理念，研究课程思政的考核评价体系。特别地，针对融合信息技术的混合式教学模式，许多教师、学者进行了较为广泛的探讨，并且以某门课程为例进行了较为详细的展示。课程思政相关的教学评价也从单一的专业课程维度，向人文素质、职业胜任力、社会责任感等多维度延伸。特别地，在评价体系中，例如课程思政和示范公开课评价体系中，重点要对能体现社会主义核心价值观的知识点进行挖掘，对教师课程思政教学过程和学生的学习效果进行测量评价。课程思政教学效果的综合评价既对优化教学方法方式起着重要作用，也对保证教学目标实现、提高学生综合素质起着重要保障作用。

本章针对数字电子技术课程，呈现笔者对课程思政考核评价的一些经验做法。电子类专业核心基础课程数字电子技术依托超星学习通平台，构建了基于CIPP的课程思政立体化考核评价体系。针对遵义师范学院某班级数字电子技术课程思政教学进行实践，借助结果分析教学方面的不足，对教学模式和教学内容进行了修改，促进了教学质量的提升。

第一节 课程思政评价模型

对一门课程进行教学评价，首要问题就是考虑这门课程有什么特点，怎么进行评价。通俗地说，就是如何更加全面地反映这门课程的真实情况并促进这门课程持续改进。对课程思政教学效果进行评价，首要问题是选择合适的评价方式，或者说评价模型。评价模型一般包括五个要素，即被评价对象与主体、评价标准及因素、评价指标、评价方法（关键是量化和求出权重系数）、综合评价模型得出结论。在进行课程思政教学评价时有以下几个原则需要遵循。

（1）全面性原则。顾名思义，就是在进行教学评价的时候从整体出发，考虑到影响教学的各个方面和过程，确定好指标点并设置合理的权重。

（2）科学性原则。在前面的基础上，评价指标的设计、评价手段的确定和结论的总结都应当是科学的。要从教育学的角度出发，要考虑学生的心理状况，要体现教育信息化对教学的促进作用。评价手段包括定量和定性两种方式，既有定性分析，又有定量结果显示，从而使结果具有较高的信度和效度。

（3）客观性原则。教学评价的目的是改进教学，这要求必须依据客观事实进行改进。显然，评价指标的设计要能客观、公正地对教学质量进行评价，能反映课程思政教学的真实状况，减少评价人员的主观随意性。

（4）实用性原则。教学评价需要有较高的可操作性，评价方法不要过于复杂，要便于评价人员和广大教师使用和接受。

（5）指导性原则。教学评价还需要具有一定的教学指导作用，或者说导向作用，帮助教师改进教学，提高教学质量。这也要求各学校在自己特色的基础上确定自己的教学评价指标。但是，总的来说，教学指标的确定需要在国家政策导向的指导下开展个性化设计，引导教师开展教学工作。

（6）重视学习的原则。根据TQM管理原则，学校要转变观念，将学生当顾客、当学习的主体，教育最终目的是培养学生成才。教师需要更多地考虑学生或者说学习者的学习状况。因此，在评价标准的设计上要更多地对学生的学习情况进行评价，当然也需要对教师的教学情况进行评价。

评价方法（关键是量化和求出权重系数）上，一般地，要求定量与定性结合进行，运用一定的统计方法对所得数据进行分析处理。而在评价指标体系上，要考虑评价结果的可靠性和可比性，强化定量分析的作用。目前，越来越多的教学工作者采用定量分析的方式进行课程思政教学评价，主要原因在于信息技术在教学中的作用越来越显著。借助信息化技术平台，很多教学过程数据可以得到很好的客观分析，也更加方便科学地选取评价指标点，根据教学特点确定评价指标点的权重使指标在量化的过程中起客观、可视化的作用。同时，根据前面所述的原则，注重评价指标体系的可操作性。指标点不要太多也不能太少，既要有一定的区分度，又要有便捷的操作性。因此，确定指标体系应在教学实践中不断加以完善，避免指标因素重叠交叉、重复赋权，而要使之更能适合于教学评价的需要。

综合评价模型有狭义和广义之分，狭义的综合评价模型仅包括评价的模型。众所周知，随着信息化技术的发展，综合评价模型越来越多样化。比如，基于神经网络的评价模型包括层次分析法（AHP）（主观），主成分分析法，灰色综合评价法（灰色关联度分析），CIPP评价模型，模糊综合评价法，数据包络法（DEA），组合评价法，等等。

1. 基于神经网络的评价模型

神经网络也称为人工神经网络（artificial neural networks，ANN），源自20世纪80年代人工智能的兴起。它是应用仿生学从信息处理的角度出发对人脑神经网络进行抽象，依靠不同的网络连接方式组成的数学运算模型。目前，神经网络在数据处理、结果预测与评价等方面应用广泛。

为什么ANN具有如此广泛的应用呢？一个重要的原因就是ANN是一个学习模型，样本越多，学习越精确，因此，在大数据处理和过程分析上具有较大的优势。ANN进行计算的核心思想就是采用交互式的评价方法。原理就是根据用户的期望输出，通过学习训练不断修改指标权值，达到预期目标。因为是不断学习的模型，只要样本量够大，ANN评价结果就可以和实际情况很相似。

在优点方面，ANN具有自适应能力和客观科学性。在对多指标进行综合评价问题上，如何弱化人为因素的影响是很有必要的。在一些传统的评价方式中，权重的设计具有较多的不确定性，人为影响因素较多，不利于对评价目标的客观评价。而且，优化确定的指标权重，在样本或者时间的变化下，也可能发生一些改变，确定的初始权重不一定符合实际情况。同时，整个分析与评价是一个复杂的非线性大系统。在这样的体系下，如果建立加权学习机制，通过样本学习势必能突破原有课程思想政治学习评价中指标权重选取的局限性。在进行课程思政教学评价指标分析的过程中，采用ANN可以进行变量的贡献分析，并剔除不必要的影响因素，从而简化模型。神经网络最主要的一点就是可以避免主观因素对变量选取的干扰。当然，ANN也有一个较大的缺点，就是评价模型的不直观性，没有表达模型。具体而言，就是神经网络评价模型的权值不能通过回归方程进行表述。同时进行分析的时候需要较大的训练样本，如果样本量不够，则无法得到需要的精度。由于该评价模型较为复杂，对计算机依赖程度较高，因而部分信息化素养不高的教师使用该评价模型的难度较大。

在应用场景上，神经网络评估模型具有自适应能力和容错能力，能够处理非线性和非局部的大型复杂系统。在学习样本的训练中，不需要考虑输入因素之间的权重系数。人工神经网络通过输入值和期望值之间的误差比较，自动调整和适应原始连接权重。因此，这种方法反映了因素之间的相互作用。神经网络的应用一般是一部分作为训练样本，一部分作为测试样本来验证模型的合理性。一般来说，样本量越大，结果越准确。

2. 层次分析法（analytic hierarchy process，AHP）

层次分析法是一种系统分析方法，它结合了定量和定性分析，在进行多层次目标复杂问题分析时进行决策层次权重，能较好地进行总体把握。但是层次分析法对决策者的要求较高，需要决策者具有较为丰富的经验，能较为准确地判断出衡量目标之间的轻重缓急，并合理给出其标准权重系数，利用权重系数求出各方案的优劣次序，比较有效地应用于那些难以用定量方法解决的课题。层次分析法现在越来越受教师的欢迎，在课程思政教学评价上的应用也越来越多。层次分析法起源于美国运筹学家匹茨堡大学教授萨蒂在20世纪70年代进行“电力分配”课题时提出的解决方法。当时，美国国防部认为，权力分配应以各工业部门对国家福利的贡献为基础。经过研究分析，萨蒂采用网络系统理论和多目标综合评价方法，提出了不同权重的层次解决方案。如今，层次分析法在许多领域得到了广泛的应用。

层次分析法的基本思想是将决策的相关元素分解成多个层次，通过专家判断每个层次目标的优劣顺序，借用李克特量表等进行定性和定量分析。这样就把人的思维层次化、数量化，也为方案的数学评价提供了决策依据。层次分析法具有明显的优势。首先，指标点通常按主观评价排序。其次，层次分析法具有数据量小、耗时少、决策时间短等优点。一般来说，层次分析法在复杂的决策过程中引入了定量分析，并充分利用决策者在双向比较中给出的偏好信息进行分析和决策支持。它不仅有效吸收了定性分析的结果，而且充分发挥了定量分析的优势，使决策过程具有高度的组织性和科学性，特别适用于社会经济系统的决策分析。但是，层次分析法的决策受主观因素影响较大，特别是定量分析的时候受主观偏好影响较大，如果专家判决不当将会导致AHP的结果不可靠。

层次分析法的适应范围大多在社会经济领域，应用在一些难以定量判断分析和直接准确计量的情况下，在定性判断有重要地位的方案中。但是，根据上述的优缺点分析，可以发现，决策者必须对所面临的问题有着深刻的理解和全面的认识，才可能使AHP的决策结论更可能符合客观规律，另外也要注意到，由于很多判断是人为的，必然会导致在面对因素众多、规模较大的评价问题时，模型的准确性容易出现问题。简而言之，这种评估方法要求评估者彻底了解问题的性质、问题的要素及它们之间的逻辑关系。否则，结果会有偏差。因此，选择专家的时候需要谨慎。还有研究者认为，层次分析法在指标点过多（9个以上）的情况下，得到的权重会出现偏差，继而组合评价模型的结果不再可靠。

层次分析法实施步骤一般包括以下几个部分：构建层次结构模型，构建成对比较矩阵，计算权向量并做一致性检验（即判断主观构建的成对比较矩阵在整体上是否有较好的一致性），计算组合权向量并做组合一致性检验（检验层次之间的一致性），等等。

（1）构建层次结构模型。

在深入分析实际问题的基础上，分类各个指标因素，形成层次指标体系。一般来说，同一个层次的各个指标从属于上一个指标，同时又支配下一个指标，而同一层次的指标是相互独立的。顶层为目标层，最底层为指标层。假如某一指标的下一层多于9个指标准则，则需要进行分解，否则判决结果会出现较大误差。

（2）构建成对比较矩阵。

构建的层次模型中第一层只有一个因素，不必比较。从第二层开始，同一层的各个指标要进行两两比较构建对比矩阵，直至最底层。构建的对比矩阵一般采用量表进行定量表示。

（3）计算权向量并做一致性检验。

对于每一个对比矩阵计算最大特征根及对应的特征向量，利用一致性指标、随机一致性指标和一致性比率做一致性检验。若检验通过，特征向量（归一化后）即为权向量；反之，则需要构建对比矩阵。

（4）计算组合权向量并做组合一致性检验。

最后，需要对权重目标的合理性进行检验衡量，进行组合一致性检验。若检验通过，则可按照组合权向量表示的结果进行决策；若没有通过，就需要对权重结果进行重新设计，在样本较多的情况下也可以对一些不太合理的样本进行删除，或者重新构造一致性比率较大的成对比较矩阵。

3. 主成分分析法

主成分分析法（principal component analysis，PCA）是一种统计方法。通过正交变换将一组可能存在相关性的变量转换为一组线性不相关的变量，转换后的这组变量称为主成分。尝试将原始变量重新组合成一组新的独立综合变量。同时，根据实际需要，可以删除几个不太全面的变量，但是需要尽可能多地反映原始变量的信息。这种统计方法被称为主成分分析法，这是一种降维的数学方法。主要操作步骤如下。

（1）指标数据标准化（SPSS自动执行，本书中无需另外进行标准化处理）。

（2）指标之间相关性的判定。

（3）确定主成分个数。

（4）主成分表达。

主成分分析的优势明显，当有多个变量时，通过主成分分析可以得到降维处理后的若干个主成分，以这几个主成分作为新变量构建回归模型，计算量将大幅减少。当然，例如皮尔逊相关系数、灰色关联矩阵，也可以从一定程度上挑选出与某个变量相关性较强的变量，以减少计算量。

4. 灰色综合评价法

灰色综合评价法是基于灰色系统理论而来的。该系统是1982年由华中理工大学的邓聚龙教授首先提出并创立的新兴学科，主要解决一些包含未知因素的特殊领域的问题。该理论在农业、地质和气象等领域得到较为广泛的应用。

基本思想：在控制论中，人们经常用颜色的深度来描述信息的清晰度。黑色表示信息未知；白色表示信息完全清楚；灰色表示有些信息清楚，有些信息不清楚。因此，含有未知信息的系统称为黑色系统，信息完全清晰的系统称为白色系统，信息不完全的系统称为灰色系统。灰色系统是介于有完全信息的白色系统和无知识的黑色系统之间的中间系统。灰色系统是一个糟糕的信息系统，统计方法很难使用。灰色系统理论可以处理一个糟糕的信息系统，但适用于只有少量观测数据的项目。灰色系统理论主要是利用已知信息来确定系统的未知信息，使系统由“灰色”变为“白色”。它最大的特点是对样本量没有严格的要求，也不要求服从任何分布。

社会经济系统具有明显的层次复杂性、结构关系的模糊性、动态变化的随机性、指标数据的不完整性和不确定性。由于灰色系统的广泛存在，灰色系统理论有着非常广阔的发展前景。

社会制度、经济制度等抽象系统包含许多因素。在这些因素中，哪些是主要的，哪些是次要的，哪些需要开发，哪些需要制定是因子分析的内容。大多数方法只适用于具有少数因素的线性问题，多因素非线性问题是一个难以处理的问题。灰色系统理论提出了一种新的分析方法，即系统关联分析法。这是一种根据各因素发展趋势的相似性来衡量各因素关联度的方法。要分析相关性，首先必须找到正确的数据序列，即哪些数据能够反映系统的行为特征。当系统行为中存在数据列（即每次提取的数据）时，可以根据关联度计算公式计算关联度。关联度是衡量因素之间相关性的指标。它定量地描述了因素之间的相对变化。灰色关联分析是一种多因素统计分析方法。它利用灰色关联度来描述各因素之间关系的强度、大小和顺序。在意识形态上，关联度分析属于几何处理的范畴。其基本思想是根据几何形状的相似性来判断层序曲线是否密切相关，即几何形状越接近，发育变化越近，关联度越大。关联度反映了评价对象接近理想（标准）对象的顺序，即评价对象的排名。灰色关联度最大的评价对象为最好。

关联度分析方法的最大优点是它不需要太多的数据便可以进行分析。其数学方法是一种非统计方法，当系统数据较少且条件不满足统计要求时更为实用。

例如，评价一条河流的水质情况，采样数据如表4-1所示。注：含氧量越高越好；pH值越接近7越好；细菌总数越少越好；植物性营养物量为10～20最佳，超过20或者低于10均不太好。

表4-1　河流水质情况数据

样本点	含氧量/($\times 10^{-6}$)	pH值	每毫升水样细菌总数/个	植物性营养物量/($\times 10^{-6}$)
A	4.69	6.59	51	11.94
B	2.03	7.86	19	6.46
C	9.11	6.31	46	8.91
D	8.61	7.05	46	26.43
E	7.13	6.50	50	23.57
F	2.39	6.77	38	24.62
G	7.69	6.79	38	6.01
H	9.30	6.81	27	31.57
I	5.45	7.62	5	18.46
J	6.19	7.27	17	7.51
K	7.93	7.53	9	6.52
L	4.40	7.28	17	25.30
M	7.46	8.24	23	14.42
N	2.01	5.55	47	26.31
O	2.04	6.40	23	17.91
P	7.73	6.14	52	15.72

表4-1（续）

样本点	含氧量/(×10^{-6})	pH值	每毫升水样细菌总数/个	植物性营养物量/(×10^{-6})
Q	6.35	7.58	25	29.46
R	8.29	8.41	39	12.02
S	3.54	7.27	54	3.16
T	7.44	6.26	8	28.41

第一步，把所有指标进行正向化处理。正向化处理就是把极小型、中间型、区间型指标，全部转化为极大型指标。数据值越大，最后得分越高。

第二步，对正向化的矩阵进行标准化。这里的标准化跟上面系统分析的标准化是相同的。也就是用每一个元素除以对应指标的均值，即$\frac{x_{ij}}{\frac{1}{n}\sum_{i=1}^{n}x_{ij}}$，把数据的范围缩小，消除量纲影响。将经过了上述两步处理的矩阵记为$\boldsymbol{Z}_{n\times m}=\left(z_{ij}\right)_{n\times m}$。

第三步，将正向化、预处理之后的矩阵，每一行取出一个最大值，作为母序列。这是灰色关联分析用于综合评价问题需要注意的要点，也就是人为地构造出这么一个母序列。

5. CIPP评价模型

CIPP评价模型，也称为“决策评价模型”或者“决策导向型评价模型”，是美国科学家斯塔弗尔比姆在对泰勒的“行为目标模型”进行改进的基础上提出的。他认为，教育评估不应局限于预期目标的实现程度，而应是一个通过收集有关教育计划实施全过程及其结果的信息来作出教育决策的过程。评估的目的不是为了证明，而是为了改进。CIPP评价模型最早应用于美国初等及中等教育的教学评价，因为1965年美国通过初等及中等教育法案时要求接受该法案需要采用这种评价方法。后来，大家发现这个评价模型不但可以应用于教育培训，还可以应用于企业项目、社会实践等其他项目的效果评价。

CIPP评价模型有四类评价活动，它们分别是背景评价（context evaluation）、输入评价（input evaluation）、过程评价（process evaluation）和效果评价（product evaluation）。这些评价主要是为决策几个重要方面提供支持，这也是为什么CIPP模型又称为决策导向型评价模型。CIPP评价模型可以为项目、工程、员工培训乃至系统的评价提供指导，更为重要的是，可以为项目的可持续改进提供决策支持。

（1）背景评价。

CIPP模型对背景评价的内容界定：在特定的环境下评定其需要、问题、资源和机会。在数字电子技术课程中，就是对为什么要开设这门课程，不同专业学生的需求、学情分析、教学目的等进行评定。

（2）输入评价。

输入评价就是评价课程建设投入的资源，考虑需要哪些外部资源或内部资源才能达到教学目标。

（3）过程评价。

过程评价就是在项目实施过程中能反映教学效果的评价，其目的是为项目改进提供反馈信息，重点在于执行过程的指标因素。在课程教学执行过程中，找出失败的原因，分析失败的不利因素，分析实际发生的状况，找出目标差距，通过大量的相关信息判定过程执行的效果。

（4）效果评价。

效果评价主要指的是对课程教学达到的目标进行衡量。这个目标既可以是终极目标，也可以是阶段性目标，重点是能否达到预期目标。

CIPP评价模型具有全程性特点、过程性特点和反馈性特点。这些特点使得CIPP评价模型在进行一些社会科学和复杂项目上有较大的优势。全程性特点，就是评价活动注重课程教学的每个环节。例如，背景评价对应于确定的需求分析和应用背景；输入评价对应于实施课程教学，过程评估对应于课程教学的步骤。过程性特点，就是对课程教学的实施过程进行检测。因此，可以使课程思政教学过程中可能导致课程教学失败的潜在原因、不利因素及与培训目标之间存在的距离变得清晰，也使课程教学能够在实施过程中及时作出适当的策略、策略调整或模式方法改进。反馈性特点，就是CIPP评价模型不仅可以在任务结束后进行评估，也可以在任务进行中开展评估，并随时进行反馈使任务教学能够持续改进。实践结果表明，一方面，课程教学实施的结果评估将再次为改进和推动培训过程提供更有用的依据和动力。另一方面，有助于充分挖掘学生的学习潜力，增强学生的学习动力。

分析比较以上各个评价模型，可以看出，针对课程思政教学而言，CIPP评价模型具有相对优势。原因如下。

（1）课程思政具有如盐在水、春风化雨的重要特点，自带整体属性。课程思政不仅是在课程中加入思政元素，更是一种课程观。这就要求评价课程思政教学需要更多地从整门课程来考虑。另外，CIPP模型反馈性的特点也揭示了课程教学过程中教师、学生、用人单位等对课程教学的反馈，在课程思政教学过程中如果哪方面出现问题，也可以及时改进。而且，CIPP模型既能概览课程思政评价全过程，实现全程覆盖和追踪，又能聚焦于具体环节的细节部分。遵义作为转折之城、航天城，课程思政自然要突出红色文化、三线建设文化等。

（2）课程思政教学还具有复杂性的特点。以往的专业课程教学注重知识的传授，在新工科理念下，已经开始向综合素质的提升转变。而现在，课程思政的融入更是以育人为根本出发点。《高等学校课程思政建设指导纲要》提出，课程思政建设要紧紧围绕国家和地区发展的需要，结合高等学校的发展方向和人才培养目标，构建覆盖全面、类型丰富、层次递进、相互支持的课程思想政治体系。要把教育教学作为最基础的工作，深入挖掘各种课程和教学方法所蕴含的思想政治教育资源，让学生掌握事物发展规律，了解真理，丰富知识，增长知识，塑造性格，努力成为德智体美劳全面发展的社会主义建设者和接班人。可以看出，评价的核心目标不仅是阶段性的、多维的，而且“显性结果”和“隐性结果”并存。特别是一些隐性特征难以量化，而且需要长时间的累积才能形成，导致评价工作的复杂性和难度增加。CIPP模型在评价方法的选择上具有多样性和灵活性。根据评估内容可以选择不同的评估方法，如背景评估中的调查法和诊断测试法，过程评估中更多地采用观察法和访谈法，以获取课程实施的信息。此外，CIPP模型具有灵活性，可以根据实际需要在课程实施的任何环节进行灵活评估。

（3）课程思政教学具有发展性。众所周知，教学不是一成不变的，时代对于培养什么样的人有着不同的要求。更为重要的是，课程教学的要求在不断改变，接受课程学习的学生也在不断改变。因此，就需要加强过程反馈。但是不管怎么变，课程思政教学的任务是以爱党、爱国、爱社会主义、爱人民、爱集体为主线的，目标是培养人，促进学生的发展。这就需要体现学生的发展价值。因而，课程思政的评价模型必须具有不断反思和评价结果的作用，注重过程评价和形成性评价。CIPP模型能够从不同的方面将全过程纳入其中，将诊断性评价、过程评价与结果评价相结合，突出评价的发展性功能。

第二节　基于CIPP模型的数字电子技术课程思政评价体系

基于前述考虑，我们选择CIPP模型进行数字电子技术课程思政教学效果评价。

一、指标体系的建立

如本章第一节所述，指标体系的确定需要全面考虑，指标点的确定不要太多也不要太少。太多影响操作性，太少则不能完全反映教学效果。在选择模型时我们已经分析到，课程思政教学实施过程是一个动态的过程，包括时间（课前、课中和课后）、地点（课内、课外）和人物（教师、学生和学校管理者等）之间的相互影响，采取CIPP模型可以实现动态跟踪评价进而优化调整课程思政教学，更为符合课程思政教学的特点。结合CIPP模型和数字电子技术课程的特点，参考相关文献，课程团队大致确定了课程思政的评价指标。评价指标体系包括课程背景、课程投入、实施过程和教学结果4个方面，并将这4个方面确定为一级指标点。再进行细化，确定12个二级指标和34个三级指标。这里，需要结合应用层次分析法确定指标体系。

英国学者沃维纳格曾说：“无目标的努力，犹如在黑暗中远征。”可见，评价指标的确定是首先需要考虑的问题。根据CIPP评价模型，4个一级指标点的确定较为容易。在二级指标的确定上，课程团队在确定指标的时候参考不同的研究成果并反复讨论。例如，课程背景方面：河北科技大学的教师魏子秋等在供应链管理课程中认为课程背景包括两个方面，课程定位和课程目标。在综合实践活动课程中，河南师范大学的教师马玲玲认为课程背景包括课程目标、课程定位和课程基础3个方面。临沂大学的孙海英教授则认为课程背景的二级指标还需要包括国家政策和学生需求等。参考各方文献，发现文献中尽管二级指标可能不同，但是三级指标却包含重复部分。因而，在确定指标的时候都可以借鉴。

本案例基于文献研究，结合相关政策文件及专家深度访谈，初步拟定数字电子技术课程思政教学效果评价指标体系：运用德尔菲法（Delphi）对数字电子技术课程思政的指标体系进行修正、完善；运用调查法对专家及教育工作者等进行指标体系认同度调查，确保指标体系的合理性。

二、指标体系初步确定

评价指标体系大致包括课程背景、课程投入、实施过程和教学结果。针对这4个维度设计访谈提纲和调查问卷。

选取了遵义师范学院校内专家、教师、学生共10人进行一对一深度访谈，其中高校教务处和教师工作处专家2名、专业课程教师6名、学生2名，对访谈结果进行编码分析，归类提炼出各维度测评要点。借鉴相关文献，基于CIPP模型，结合教育部《高等学校课程思政建设指导纲要》和遵义师范学院《课程思政建设工作方案》中的相关规定，参考专家访谈结果，初步拟定了包含4个一级维度、12个二级维度及34个观测点的测评指标体系。

三、专家意见征询

为了使课程评价指标体系具有普适性和推广意义，教学团队将在校内专家帮助下初拟的指标体系进行更为广泛的专家问询。问询的方法主要采用德尔菲法，也就是所谓专家调查法，通过匿名的方式与专家沟通、不断反馈来完善所做的方案，最终得出专家意见较为一致的结果。

本案例中编制了《课程思政评价指标体系专家征询问卷》，问卷主体分为客观题和主观题。客观题采用李克特量表形式，评价等级“完全不合理”“比较不合理”“一般”“比较合理”“完全合理”分别用1～5分表示，对各一级指标、二级指标及观测点的合理程度进行调查，分数越高表示对指标合理性的认可度越高；主观题主要征询专家对指标是否合理、增减、更正的意见及建议。选取了50名高校教师（其中包括正高级职称教师10名、副高级职称教师30名、讲师5名、教育行政部门工作人员5名）进行咨询。每通过一轮调查，根据专家意见对问卷进行修改完善，再进行下一轮调查，共进行了三轮意见征询。其中，专家权威程度用专家权威系数（Cr）表示，由专家对问题的判断依据（Ca）和熟悉程度（Cs）决定，$Cr=(Ca+Cs)/2$，$Cr\geqslant0.7$即认为专家评分结果可靠。本项调查$Cr=0.81$（$Cr\geqslant0.7$），表明专家咨询结果有较高的可信度。最终，各项得分由2.5提升到4.8，说明各指标项逐渐趋于合理。变异系数CV表示专家意见收敛情况，$CV=S/M$，S、M分别代表标准偏差和平均值，CV越小说明专家协调程度越高，CV小于0.25代表专家协调程度较好。最终，变异系数小于0.1，可见专家意见趋于一致。下面，详细介绍一下制定的评价指标体系。

课程思政首先面临的是课程特点的考虑。数字电子技术课程是一门电子类专业基础课程、非电类专业选修课程，在高校理工科人才培养中占有重要地位。就其本身而言，数字电子技术课程具有时代性、实践性和逻辑性的特点。在本校的教学安排中，采用理论和实验一体化的授课方式。对于电子类专业学生而言，本门课程要求较高，要求学生会设计，具备电子设计的素养。因而，在课程教学中必将融入许多电路设计元素。这其中既涉及学生的主观能动性，也具有数字电路目标的具体性和客观性。因此，课程思政教学的课程背景二级指标设定为课程目标、课程定位和学习环境。其主要目的在于根据评价对象的需要，分析判断课程思政开设的必要性和可行性，诊断课程目的与目标。再细分三级指标（见表4-2）：有明确的课程思政建设发展目标（C11）；课程思政教学目标源于专业人才培养方案（C12）；课程思政目标具体清晰，便于操作（C21）；目标全面，体现大学生价值观、责任担当、问题解决等方面意识和能力的培养（C22）；学生对遵义的红色文化感兴趣（C31）；课程中蕴含许多科学家事迹，可以引申相关时事（C32）；课程思政有国家政策、学校政策方案支持（C33）。

课程思政背景评价的主要目的是分析判断课程开设的必要性，并根据评价对象的需要诊断课程的目的和目标。其主要内容包括确定课程实施环境、确定学习者的学习基础和需求、诊断学习者的学习困难、判断课程目标的充分性等。因此，在背景评价中，评价指标的设计重点是课程开发背景和课程目标。其中，课程开发背景评价包括评价课程在整个课程体系中的定位和作用，即评价的必要性。通过调查分析，了解参与者的知识基础和实践能力，为课程开发做基础准备。课程目标评价主要关注课程目标设计是否合理、清晰、全面。

课程投入评价重点在于教学设计（策略）和资源，也包括师资队伍建设等。这方面的评价可以帮助课程开发者或者第三方对课程教学内容、教学方式或策略进行客观评估和制定相关对策。这个环节有点类似项目申请中的实施方案与技术路线部分，需要对课程实施的合理性、可行性进行评价。因此，课程投入评价部分包括课程设计、课程资源和课程方法3个二级指标。其中，课程设计包含思政元素在课程内容中的占比（C41）；

培养目标中立德树人理念的呈现度（C42）；课程思政元素的应用是否考虑师生特点和专业特点（C43）。课程资源评价部分包括建立思政元素资源库（C51）；思政资源与知识点紧密连接（C52）；思政资源与时俱进，与国家政策同步（C53）；对课程有完善的监督质量体系，能够根据专家反馈意见做出适当的改进（C54）。课程方法评价包括创新课堂教学组织形式，强化学生的感受和体验（C61）；利用信息化教学手段，打造课程思政金课（C62）。

实施过程评价是对课程思政实施情况的评价。这里主要对教学过程中的每个环节进行跟踪和动态评价，记录、监督和检查活动实施的各个环节，以获取活动实施的反馈信息，为课程计划的修订和后续开发提供依据。过程评价中常用的方法包括现场观察、后续讲座、调查、生长记录、内容分析等。课程实施参与者主要是师生，以及部分后台支持者（比如学习平台的技术服务等）。因此，本部分设计为3部分：教学过程、考核方式、师生参与度。其中，教学过程又分解成3个三级指标，教学内容能有机融入思政元素，实现润物无声的隐性思政教育（C71）；课程内容是否按照教学计划按时完成（C72）；用多种教学方式培养学生独立思考、团队合作的能力（C73）。考核方式分解成2个三级指标，在对学生的课程考核中加入相关课程思政内容的考核（C81）；在教授内容中对学生进行思政元素的提问与相关活动的参与（C82）。师生参与度包括：学生对课程思政教学目标的认可程度，学生自己确立的学习目标和学习态度（C91）；学生学习过程中各项活动的参与情况与行为表现（C92）；教师在课程思政方面的授课方式、备课准备、课堂把控和师生合作交流等方面的内容（C93）。

教学结果评价，根据相关文献的定义，是对课程思政教学取得的相应的教学成效的评价，即通过比较分析实施结果与预期目标之间的差距，评估和分析活动课程目标的达成度，为改进课程方案和实施提供依据，至少应该包括知识、技能和师生素质3个方面。课程思政教学结果的评价方法主要包括学生自我评价、学生互评、课程团队评价、思想政治教师专家评价和主管部门评价。教师和学生是课程思政实施的主体，因此对课程思政实施效果的评价应着眼于学生的体验和收获，以及教师的发展和收获。“学生体验与收获”主要是通过参与调查探索活动，提高学生在价值认知、责任感、问题解决、创造性物化等方面的意识和能力。指标不仅关注情绪和价值体验的影响，还关注报告和总结等具体结果；“教师发展与收获”主要从指导有效性和学习改进的角度评价教师在思想政治课程实施中的收获。因此，我们确定了以下三级指标：① 学生体验与收获，包括结合课程思政教学，收集学生形成的课程思政物化成果（C101），课程思政实施前后学生态度、情感、价值观的变化（C102），学生对自我发展的认知与未来规划（C103），学生在日常的学习生活中自觉践行社会主义核心价值观（C104），用人单位（实习单位）对学生职业素养满意度评价（C105）；② 教师发展与收获，包括教师教育理念的先进性与提升（C111），教师能担起学生健康成长指导者和引路人的责任（C112）；③ 课程整体效果，包括课程思政内容、方案、方法具有推广性（C121），课程满意度提升（C122），课程思政内容质量和学术氛围提高（C123）。

表4-2　基于CIPP模型的课程思政评价体系

一级指标	二级指标	三级指标
课程背景（B1）	课程定位（C1）	有明确的课程思政建设发展目标（C11）
		课程思政教学目标源于专业人才培养方案（C12）
	课程目标（C2）	课程思政目标具体清晰，便于操作（C21）
		目标全面，体现大学生价值观、责任担当、问题解决等方面意识和能力的培养（C22）
	学习环境（C3）	学生对遵义的红色文化感兴趣（C31）
		课程中蕴含许多科学家事迹，可以引申相关时事（C32）
		课程思政有国家政策、学校政策方案支持（C33）
课程投入（B2）	课程设计（C4）	思政元素在课程内容中的占比（C41）
		培养目标中立德树人理念的呈现度（C42）
		课程思政元素的应用是否考虑师生特点和专业特点（C43）
	课程资源（C5）	建立思政元素资源库（C51）
		思政资源与知识点紧密连接（C52）
		思政资源与时俱进，与国家政策同步（C53）
		对课程有完善的监督质量体系，能够根据专家反馈意见做出适当的改进（C54）
	课程方法（C6）	创新课堂教学组织形式，强化学生的感受和体验（C61）
		利用信息化教学手段，打造课程思政金课（C62）
实施过程（B3）	教学过程（C7）	教学内容能有机融入思政元素，实现润物无声的隐性思政教育（C71）
		课程内容是否按照教学计划按时完成（C72）
		用多种教学方式培养学生独立思考、团队合作的能力（C73）
	考核方式（C8）	在对学生的课程考核中加入相关课程思政内容的考核（C81）
		在教授内容中对学生进行思政元素的提问与相关活动的参与（C82）
	师生参与度（C9）	学生对课程思政教学目标的认可程度，学生自己确立的学习目标和学习态度（C91）
		学生学习过程中各项活动的参与情况与行为表现（C92）
		教师在课程思政方面的授课方式、备课准备、课堂把控和师生合作交流等方面的内容（C93）
教学结果（B4）	学生体验与收获（C10）	结合课程思政教学，收集学生形成的课程思政物化成果（C101）
		课程思政实施前后学生态度、情感、价值观的变化（C102）
		学生对自我发展的认知与未来规划（C103）
		学生在日常的学习生活中自觉践行社会主义核心价值观（C104）
		用人单位（实习单位）对学生职业素养满意度评价（C105）
	教师发展与收获（C11）	教师教育理念的先进性与提升（C111）
		教师能担起学生健康成长指导者和引路人的责任（C112）
	课程整体效果（C12）	课程思政内容、方案、方法具有推广性（C121）
		课程满意度提升（C122）
		课程思政内容质量和学术氛围提高（C123）

在以上初步确定指标体系的基础上，为了更好地对评价指标进行优化，制定了调查问卷，对指标体系认同度进行调查。编制了《课程思政评价指标体系认同度调查问卷》，采用五点李克特量表计分，对各一级指标、二级指标和三级指标进行认同度调查。由于调查的目的是考查数字电子技术课程的课程思政教学效果，因此调查的对象以遵义师范学院的教师和学生为主，采用问卷星进行调查，回收问卷107份。从调查对象

看，其中包括高校专业教师12名，本科生85名，高校教育行政部门工作者10名。

从结果看，不同群体的调查者大多数较为认同（含比较认同和完全认同），如表4-3所示，整体认同的比例高达86%。表明构建的课程思政测评指标体系基本合理。在这里，还需要指出的是，调查问卷的设计参考了国内外的相关文献。比如，美国密歇根大学（University of Michigan）社会心理学博士弗洛德·J. 福勒（Floyd J. Fowler Jr.）编著的《调查问卷的设计与评估》等。

表4-3　课程思政效果评价指标体系的整体认同度　　单位：人

	完全不认同	比较不认同	一般	比较认同	完全认同
教育行政部门工作者	0	0	1	2	7
专业教师	0	0	0	1	11
电子专业本科生	1	7	6	30	41

从表4-4中我们也可以发现，被调查者对课程思政评价指标体系及指标认同度极高，达到100%，也就是说，被调查者都认为CIPP模型适合进行课程思政评价。二级指标的认同度也很高，只有少部分人认为部分指标不是很合理。

表4-4　课程思政效果评价指标体系各级指标认同度

	完全不认同	比较不认同	一般	比较认同	完全认同
课程背景	0	0	0	0	100%
课程投入	0	0	0	0	100%
实施过程	0	0	0	0	100%
教学结果	0	0	0	0	100%
课程背景-课程目标	1%	7%	9%	22%	61%
课程背景-课程定位	0	7%	9%	21%	63%
课程背景-学习环境	2%	7%	9%	19%	63%
课程投入-课程设计	3%	6%	10%	20%	61%
课程投入-课程资源	0	3%	5%	14%	78%
课程投入-课程方法	5%	5%	12%	28%	50%
实施过程-教学过程	3%	4%	8%	21%	64%
实施过程-考核方式	2%	5%	8%	29%	56%
实施过程-师生参与度	4%	7%	7%	37%	45%
教学结果-学生体验与收获	0	1%	5%	20%	74%
教学结果-教师发展与收获	2%	4%	4%	42%	48%
教学结果-课程整体效果	0	1%	4%	19%	76%

四、指标体系权重确定

指标体系的确定只是第一步，要对课程思政实施效果进行定量分析，增强其可操作性，还需要对各个指标的权重进行确定。为了保证课程思政评价体系指标权重的客观性和合理性，在构建评价指标体系的过程中，采用层次分析法确定指标权重值。（注：层次分析法的基本原理在第四章已经进行了详细叙述）

首先要构建判断矩阵。由于每个指标无法进行精确定量，故采用等级制。邀请3名专业课教师、2名教务处教师、2名思政课教师和5名同学采用两两比较形式对课程背景、课程投入、实施过程和教学结果4个维度在评价指标中的重要程度进行调查分析，构造两两比较判断矩阵。其次将九等级分别赋值为“1/9，1/7，1/5，1/3，1，3，5，7，9”，“1/8，1/6，1/4，1/2，2，4，6，8”分别代表在九等级之间的重要性程度。在分值的取值上，同等重要为1，稍微重要为3，较强重要为5，强烈重要为7，极端重要为9，两相邻判断的中间值分别为2，4，6，8。不同的角度和评价标准可能导致不同的评分结果，为提高数据的科学合理性，将专家的评分结果求平均分进行统计，并建立各级指标判断矩阵。最后通过调查得到每位专家对4个维度重要性判定数据，将数据录入YAAHP层次统计分析软件进行分析得到权重结果。

五、权重计算原理

在实际的应用中，先将判断矩阵归一化，归一化公式如下：

$$b_{ij}=\frac{a_{ij}}{\sum_{i=1}^{n}a_{ij}},\ i,\ j=1,\ 2,\ \cdots,\ n \tag{4-1}$$

其中，a_{ij} 表示第 i 个因素对于第 j 个因素的比较结果。

然后，按行求和：

$$V_i=\sum_{j}^{n}b_{ij},\ i,\ j=1,\ 2,\ \cdots,\ n \tag{4-2}$$

最后，归一化处理，特征向量为

$$W_i=\frac{V_i}{\sum_{i=1}^{n}V_i},\ i=1,\ 2,\ \cdots,\ n \tag{4-3}$$

通过以上公式，可以得到一级指标的权重结果。

采用YAAHP软件建立课程思政指标体系的层次分析模型（注：采用SPSS统计分析软件也可以），将某位专家评分结果写成判断矩阵形式并录入软件，如表4-5所示。通过一致性检验后，将得到各一级指标的初始权重值，其中 W_i 为专家赋值权重，如表4-6所示。

表 4–5　某位专家一级指标判断矩阵

	课程背景	课程投入	实施过程	教学结果
课程背景	1	1	1/3	1/7
课程投入	1	1	1/5	1/7
实施过程	3	5	1	1
教学结果	7	7	1	1

表 4–6　某位专家权重赋值结果

	课程背景	课程投入	实施过程	教学结果	赋值权重 W_i
课程背景	1	1	0.333	0.143	0.087
课程投入	1	1	0.200	0.143	0.074
实施过程	3	5	1	1	0.360
教学结果	7	7	1	1	0.478

六、指标权重一致性检验

建立的调查结果需要进行指标一致性检验，以考查调查结果的有效性。指标一致性比率CR用于判断专家评分的结果是否具有内部一致性。一般来说，CR低于0.1才认为是可取的。运用YAAHP软件，在建立层次分析模型后，依次将24位调查者评分数据建立判断矩阵录入软件，有5位CR高于0.1，没有通过一致性检验，数据丢弃（见表4–7）。有效评分人数为19，根据这19个调查者的赋值权重平均值，即课程背景、课程投入、实施过程和教学结果的赋值权重，可以得到课程思政测评体系的表达式。计算出来的权重系数分别为0.080，0.075，0.326和0.519，数字电子技术课程思政教学效果整体评价为：$Y=0.080\times$课程背景$+0.075\times$课程投入$+0.326\times$实施过程$+0.519\times$教学结果。

表 4–7　指标体系的专家权重赋值

	课程背景	课程投入	实施过程	教学结果	一致性(CR)
调查者1	8.665%	7.380%	36.025%	47.930%	0.021
调查者2	7.864%	7.147%	25.822%	59.168%	0.016
调查者3	7.477%	12.527%	42.063%	37.933%	0.246
调查者4	8.665%	7.380%	36.025%	47.930%	0.021
调查者5	7.658%	10.739%	45.699%	35.905%	0.242
调查者6	9.971%	12.674%	36.199%	41.156%	0.036
调查者7	8.665%	7.380%	36.025%	47.930%	0.021
调查者8	7.864%	7.147%	25.822%	59.168%	0.016
调查者9	7.497%	7.000%	22.385%	63.118%	0.055

表4-7（续）

	课程背景	课程投入	实施过程	教学结果	一致性(CR)
调查者10	7.159%	10.223%	37.738%	44.880%	0.153
调查者11	7.190%	7.190%	39.239%	46.382%	0.002
调查者12	7.848%	6.563%	34.312%	51.277%	0.041
调查者13	6.944%	6.226%	24.011%	62.819%	0.008
调查者14	8.670%	7.380%	36.030%	47.930%	0.021
调查者15	9.122%	7.375%	46.143%	37.360%	0.147
调查者16	7.201%	10.744%	35.581%	46.475%	0.112
调查者17	6.400%	10.510%	25.377%	57.713%	0.107
调查者18	8.665%	7.380%	36.025%	47.930%	0.021
调查者19	8.665%	7.380%	36.025%	47.930%	0.021
调查者20	6.447%	6.447%	37.303%	49.803%	0.015
调查者21	6.664%	10.095%	35.057%	48.183%	0.112
调查者22	6.700%	6.225%	27.644%	59.431%	0.017
调查者23	7.208%	6.965%	24.803%	61.025%	0.016
调查者24	7.208%	6.965%	24.803%	61.025%	0.016
平均值	7.950%	7.520%	32.640%	51.880%	

综上，首先使用CIPP模型建立课程思政评价体系，然后运用层次分析法确定指标体系权重值，最后建立课程思政教学相对完整的评价指标体系。由表4-8可以看出，在课程思政评价指标体系中，一级指标权重排序由大到小分别为教学结果、实施过程、课程背景和课程投入，其中课程实施过程和课程教学结果在课程思政评价体系中占有很大的比重，说明课程投入在很大程度上影响课程思政教学水平。课程背景虽然所占权重值较低，但是对课程思政教学发展的作用不可或缺。在二级指标权重排序中，课程投入评价要素中的课程方法起到关键作用，因此评价指标应侧重于教学的手段和方法的选择与设计。

表4-8　基于CIPP模型的课程思政评价体系

一级指标	权重	二级指标	权重	三级指标	权重
B1	0.080	C1	0.012	C11	0.011
				C12	0.001
		C2	0.034	C21	0.017
				C22	0.017
		C3	0.034	C31	0.011
				C32	0.011
				C33	0.012

表4–8（续）

一级指标	权重	二级指标	权重	三级指标	权重
B2	0.075	C4	0.045	C41	0.006
				C42	0.032
				C43	0.007
		C5	0.015	C51	0.001
				C52	0.006
				C53	0.001
				C54	0.007
		C6	0.015	C61	0.007
				C62	0.008
B3	0.326	C7	0.14	C71	0.109
				C72	0.015
				C73	0.015
		C8	0.046	C81	0.023
				C82	0.023
		C9	0.14	C91	0.105
				C92	0.025
				C93	0.010
B4	0.519	C10	0.312	C101	0.014
				C102	0.154
				C103	0.029
				C104	0.076
				C105	0.039
		C11	0.103	C111	0.016
				C112	0.087
		C12	0.104	C121	0.066
				C122	0.027
				C123	0.011

第三节　数字电子技术课程思政评价体系的应用

一、评价过程及结果

根据本章第二节制定的指标评价体系，可以直接应用评价模型进行课程评价。但是在具体的评价实施过程中，有些细节还需要考虑。这既是要验证课程思政评价指标体系的可操作性、有效性及可靠性，更是为了评价课程思政的教学效果。评价实施过程主要通过调查问卷来完成，问卷主体采用李克特五点量表形式，量表中的评价等级“完全不符合、比较不符合、一般、比较符合、完全符合”分别用1～5分表示，对34个观测点进行指标量化，分数越高表示课程思政教学在该指标上的实施情况越好。通过专家咨询，对问卷结构及语言表述进行审查与完善，确保问卷的可操作性与可读性。最后的分析采用模糊综合评判法，这是以模糊理论为基础，在模糊环境中使用多个因素对评估对象的归属级别进行复杂评估的方法。根据前面的叙述我们已经知道评价具体指标还需要对课程思政的实施情况有所了解。因此，调查问卷问询的对象是遵义师范学院的师生，包括教师22人，学习数字电子技术课程的学生85人。将层次分析法评价的结果作为模糊综合评价的权向量$\boldsymbol{W}_i$（$i=1，2，\cdots$），与模糊评判矩阵$\boldsymbol{R}_i$合成模糊综合评价结果向量$\boldsymbol{S}_i=\boldsymbol{W}_i\boldsymbol{R}_i$（$i=1，2，\cdots$），并计算出各因素评价值及整体评价值（见表4-9、表4-10），实现模糊变换，并对其评价结果进行分析。

表4-9　课程思政评价一级指标综合得分

评测目标	综合评价分
课程背景	3.93
课程投入	2.97
实施过程	2.52
教学结果	3.23

表4-10　课程思政评价二级指标综合得分

评测目标	综合评价分
课程定位	4.26
课程目标	3.00
学习环境	3.12
课程设计	3.75
课程资源	2.70
课程方法	2.54
教学过程	2.65
考核方式	3.52
师生参与度	3.07
学生体验与收获	2.82
学生发展与收获	2.45
课程总体效果	3.25

在此依据$Y=0.08\times$课程背景$+0.075\times$课程投入$+0.326\times$实施过程$+0.519\times$教学结果，用权重系数乘以各维度均值得到加权均值Y，均用来衡量课程思政教学实施的整体状况。根据层次分析法与模糊综合评价法综合得出数字电子技术课程思政整体分值为3.04，属于中等。这说明数字电子技术课程的思政教育需要进一步探索和完善。根据评价结果，一级指标评价得分由大到小依次为课程背景、教学结果、课程投入和实施过程。二级指标评价得分中学生发展与收获最低，处于弱势地位；学生体验与收获居于中等偏弱。由此可见，学生参与本课程的效果是最大的薄弱环节，应予以加强，以激发学生的学习积极性。

二、问题及对策分析

根据数字电子技术课程的综合评价得分结果。可以看出，课程在进行课程思政教学实践中还存在以下问题：一是思政目标不够清晰，课程与思想政治教育融合不够，存在专业授课与思政教育“两张皮”的现象。其产生的原因可能有以下几方面：一是教学大纲的制定上，教学基本要根据教学大纲的要求进行授课，如果在教学大纲上育人目标不够清晰，必将导致思政案例在选取、应用上存在偏差，从而影响课程思政教学效果；二是教学中受经费划拨、师资力量等条件限制，存在课程思政教学追求形式主义，教学方式单一且缺少创新的问题；三是思政元素挖掘不深，供应链管理的知识点与思想政治理论的融合不够深入；四是学生参与度低，教师在讲课时没有充分调动学生学习的主动性和参与性。

通过对上述问题的分析，提出以下几点建议。

第一，教育投入是课程思政教育发展的关键。因此，要提高思想政治内容在教师教学内容中的比重。教师应更多地探索与课程相关的思想政治因素和案例，并将其纳入教学大纲和教学过程中。

第二，高校要加大实践教学的投入，提供充分的实践平台和场所，让学生在实践中感受学科理论和职业精神。

第三，教师应结合职业形成的背景和发展现状挖掘责任感、爱国主义精神、奋斗精神及创新精神等思想政治教育因素，结合职业道德、中国特色社会主义伟大实践和社会热点问题，与未来的专业发展相结合，培养学生的情感和职业素质。

第四，教师要转变教学观念，以学生为中心，引导学生学会自主学习、自主思考。营造轻松愉快的课堂氛围，与学生互动，引导学生积极参与实践。例如，创设问题情境，激发学生的学习热情，或者通过小组展示，让学生相互交流学习。

第五章　总结与展望

第一节　课程思政教学总结

与其说是总结，不如说是反思。笔者在课程思政的建设过程中遇到很多困惑，也收获很多喜悦。课程思政教学的建设受到越来越多的学校和教师的重视，发展形势喜人。有人提出课程思政建设可能存在过度重视的问题，但是从研究和调查的结果中发现，课程思政和专业知识的学习并非对立矛盾的关系，恰恰相反，课程思政是育人的手段之一，课程思政的形式和内容也强调避免“两张皮”的现象。随着国内外形势的发展和对课程思政了解的深入，教师越来越接受课程思政这一概念，课程思政已经成为高等教育人才培养的必备内容。线上线下混合式教育模式已经成为高校热门的教学模式，不少学者和教师都认为这是高校未来教学的发展趋势。在国家推出的“金课”建设中，在线教学和混合式教学均为重要的一个模块。混合式教学不仅为自身学校的学生提供了更多的选择，也为老师给学生提供更多的多样化学习资源提供了便利。总的来说，本书阐述了以下内容。

第一章，阐述了课程思政教学的背景、意义及几个重要的相关概念，国内外思想政治教育的相关情况和国内课程思政研究现状，并给出了相应的对策。

第二章，更多地阐述了混合式教学的概念和教学设计过程、方法，以期为在混合式教学中开展课程思政教学提供方便。

第三章，主要在第二章的基础上，就混合式教学模式下如何开展课程思政教学进行了阐述，重点阐述了在数字电子技术课程中开展课程思政教学的SWOT分析及实施案例，以期为其他教师提供借鉴。

第四章，就课程思政的教学效果评价方法展开阐述，并以数字电子技术课程为例，阐述了评价过程。

第二节　课程思政教学的未来与展望

目前，随着各省高校认识到课程思政的重要性，课程思政的发展呈现蓬勃发展的势头，正在从理论研究向应用实践研究深化。但是目前高校教师的课程思政教学还没有脱离单兵作战的范畴，部分学校领导和教师在思想上还存在差距，缺乏顶层设计或者说顶层设计方面做的还不够。同时，全国各高校也缺乏一个可复制、可借鉴的课程思政实施办法。因而，未来课程思政将会朝以下几个方面发展。

一、构建课程思政教学团队

加强对思政课教师的培养锻炼。高校可在与思政课教学内容相关的学科选择优秀教师进行培训以充实思政课教师队伍，探索能胜任思政课教学的党政管理干部转岗为专职思政课教师的机制和办法，积极推动符合条件的辅导员参与思政课教学。高校要积极动员政治素质过硬的相关学科专家转任思政课教师，提高高校思政教学水平。

二、研究课程思政的绩效评价

采取兼职的办法遴选党政机关、社科机构、党校、行政学院等部门的骨干支援高校思政课建设，壮大高校思政课教师队伍，引起蝴蝶效应，促进专业课教师与不同类别的思政课教师进行思维碰撞、交流。

三、思政育人的表现形式

建立健全思政课教师与专业课教师“手拉手”协同备课机制，在思政课教师的指导帮助下，激活专业课中的思政元素，发挥思政课建设强校和高水平思政课专家示范带动作用。思政教育是一个长期过程，在专业课中融入思政元素，更是一个润物细无声的过程，教师身为教书育人的典范，更要为培养新时代中国特色社会主义建设者和接班人精心设计课程。

参考文献

[1] UHLIR J A. Electrolytic shaping of germanium and silicon[J]. The bell system technical journal,1956,35(2):333-347.

[2] 中共中央办公厅 国务院办公厅印发《关于深化新时代学校思想政治理论课改革创新的若干意见》[J]. 中国电力教育,2019(8):6.

[3] 张青琳. 教育的唯一主题即生活:怀特海《教育的目的》解读[J]. 高校教育管理,2009,3(5):62-66.

[4] 温泉. 试论高校思想政治理论课教学的三重境界[J]. 佳木斯职业学院学报,2020,36(11):25-26.

[5] 陈辉.《学记》教与学思想探微[J]. 西华师范大学学报(哲学社会科学版),1990(3):141-144.

[6] 郝慧鹏,于成文. 短视频在课程思政教学中的作用与思考:以北京科技大学"大国钢铁"课程为例[J]. 北京教育(高教版),2021(6):20-22.

[7] 黄静洁. 心理学家、教育学家布鲁纳[J]. 国外社会科学文摘,1986(4):61-64.

[8] 袁锐锷. 布鲁纳的教学理论[J]. 教育与进修,1984(6):57-61.

[9] DOROTHY L N. 孩子从生活中学到什么[J]. 英语广场,2012(5):18-19.

[10] 夏丹. OBE教育理念在国内高校教育改革中的应用研究:基于文献调查的分析[J]. 教师,2017(14):96-97.

[11] 何克抗. 从"翻转课堂"的本质,看"翻转课堂"在我国的未来发展[J]. 电化教育研究,2014,35(7):5-16.

[12] 喻穹. 高校教师要"讲政治"[J]. 教育(周刊),2016(27):48-49.

[13] 张晓春. 高校课程思政的价值意蕴及实践路径研究:评《课程思政:从理念到实践》[J]. 教育发展研究,2021,41(22):86.

[14] 彭韬,彭正梅. 德国学校德育中的道德反思能力培养研究:以柏林"道德课"为例[J]. 全球教育展望,2021,50(2):24-38.

[15] 黄国文,肖琼. 外语课程思政建设六要素[J]. 中国外语,2021,18(2):10-16.

[16] 王金伟. 基于"大国方略"课程教学模式的高校思想政治理论课话语体系研究:以上海大学实践探索为例[J]. 思想教育研究,2016(1):48-51.

[17] 刘新月. 混合式学习模式实施效果的实证研究[D]. 武汉:华中师范大学,2009.
[18] 程红霞. 由“鱼牛”的故事引发的思考:浅谈数学教学中的同化与顺应[J]. 启迪与智慧(教育),2012(7):38.
[19] 安连义. 维果茨基与建构主义[J]. 天津市教科院学报,2004(4):51-55.
[20] 钟启泉,崔允漷,张华. 有效教学的理念[J]. 教师之友,2002(5):29-30.
[21] 刘冬雪. 分布式学习理论浅谈[J]. 现代教育技术,2004,14(1):32-33.
[22] 李国惊,廖馨梅. 在比较阅读中培养学生的高阶思维能力:“一样送别,几多离情”群文阅读教学例谈[J]. 基础教育课程,2016(21):19-22.
[23] 梅耶,韩青青,柯丽丹. 面向意义学习的认知过程[J]. 远程教育杂志,2007(3):16-20.
[24] 向怀坤. 教学设计模型研究综述[J]. 深圳职业技术学院学报,2022,21(1):52-58.
[25] 彭晗. ADDIE 教学设计模型在 Village Elementary School 音乐课堂的运用研究[D]. 开封:河南大学,2018.
[26] 张建勋,朱琳. 基于 BOPPPS 模型的有效课堂教学设计[J]. 职业技术教育,2016(11):25-28.
[27] 田北海. 何为课程思政,思政课程何为?:课程思政建设的含义及其实现路径[J]. 中国农业教育,2020,21(4):35-40.
[28] 毛现桩. “四个回归”背景下英国“教学卓越框架”对我国高等教育本科教学的启示[J]. 高教文摘,2020(11):58-59.
[29] 孟明,牛东晓,孟宁. 基于主成分分析的神经网络评价模型研究[J]. 华北电力大学学报(自然科学版),2004,31(2):53-56.
[30] 雷辉俐,董国忠,杨安贵. 主成分分析法在教学评价中的应用[J]. 高等农业教育,1997(2):63-66.
[31] 杨丽萍. 基于层次分析与灰色综合评价融合的教学质量评价体系的研究[J]. 天津城市建设学院学报,2007,13(2):146-148.
[32] 张殿尉,刘佳杰. 基于CIPP模式的高校实践教学评价指标体系研究[J]. 中国成人教育,2016(9):110-113.
[33] 方兰芳. 分层次使用下护士绩效考核指标体系的构建[D]. 杭州:浙江大学,2010.
[34] 李哲英 骆丽. 数字集成电路设计[M]. 北京:机械工业出版社,2008.
[35] 申振东,徐静. 追寻红军在贵州的足迹[M]. 贵阳:贵州人民出版社,2012.
[36] 唐芳梅. 五十五载青山铸 镌刻“红旗”铁骨魂:航天江南集团有限公司成立55周年发展纪实[J]. 当代贵州,2020(41):70-71.
[37] 董群. 传承三线精神 坚持创新驱动 塑造航天江南品牌新形象[J]. 航天工业管理,2020(1):23-26.
[38] 何苏玲. 中国功率器件领路人[J]. 科学启蒙,2020(3):68-69.

[39] 电子科技大学党委宣传部. 中国半导体功率器件领路人:中国科学院院士陈星弼传略[M]. 成都:电子科技大学出版社,2010.

[40] 彭奇伟,王琳,韦一茜,等. 绝壁凿"天渠":20年后《当代贵州》再访黄大发[J]. 当代贵州,2017(17):34-35.

[41] 佚名. 绝壁凿出生命渠:黄大发先进事迹[J]. 理论与当代,2018(4):37-39.

[42] 顾保孜. 红色将帅与酒的故事[J]. 湘潮,2005(11):28-33.

[43] 黄先荣. 红色贵州 长征遵义[M]. 北京:中国文联出版社,2005.

[44] 汤实. 避实就虚 挺进贵州:长征在贵州之一[J]. 当代贵州,2004(1):54.

[45] 张楠,于淼,杨立敏. 浅谈单边主义与多边主义:以华为事件与当前背景为视角[J]. 消费导刊,2020(24):138.

[46] 张婷. 中兴华为事件背景下中国科技创新发展对策研究[J]. 2020,3(5):69.

[47] 袁运开,戚越然. 萨迪·卡诺:热力学的奠基者[J]. 自然杂志,1983(7):67-71.

[48] 王靖. 新时代工匠精神的价值内涵与大学生职业精神的塑造[J]. 中国高等教育,2019(5):60-62.

[49] 王帆. 从《易传》对《周易》古经诠释的错位看其价值观的特色[J]. 兰州学刊,2007(7):32-34.

[50] 董翠香,樊三明,高艳丽. 体育教育专业课程思政元素确立的理论依据与结构体系建构[J]. 体育学刊,2021,28(1):7-13.

[51] 杨芝. 美国隐性教育途径对中国高校思想政治教育的启示[J]. 新西部,2018(33):161-162.